阅读图文之美 / 优享快乐生活

含章·图鉴系列

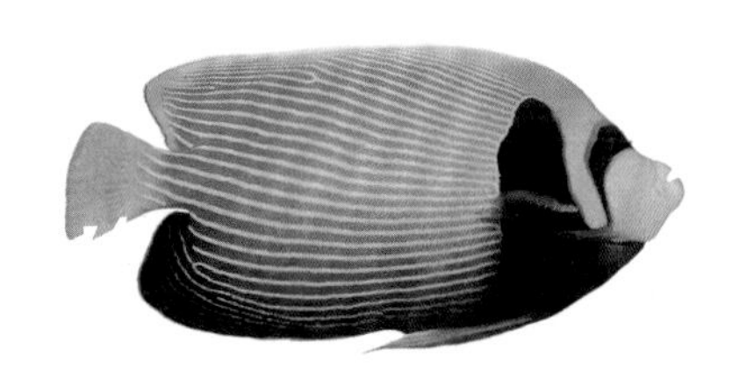

观赏鱼图鉴

赵嫣艳　主编

江苏凤凰科学技术出版社·南京

图书在版编目（CIP）数据

观赏鱼图鉴 / 赵嫣艳主编. — 南京：江苏凤凰科学技术出版社, 2017.4（2022.5 重印）
（含章 · 图鉴系列）
ISBN 978-7-5537-5610-3

Ⅰ. ①观… Ⅱ. ①赵… Ⅲ. ①观赏鱼类 – 图集 Ⅳ. ①S965.8-64

中国版本图书馆CIP数据核字(2015)第257653号

含章 · 图鉴系列
观赏鱼图鉴

主　　编　赵嫣艳
责任编辑　汤景清　祝　萍
责任校对　仲　敏
责任监制　方　晨

出版发行　江苏凤凰科学技术出版社
出版社地址　南京市湖南路 1 号 A 楼，邮编：210009
出版社网址　http://www.pspress.cn
印　　刷　天津丰富彩艺印刷有限公司

开　　本　880 mm × 1 230 mm　1/32
印　　张　6
插　　页　1
字　　数　230 000
版　　次　2017年4月第1版
印　　次　2022年5月第2次印刷

标准书号　ISBN 978-7-5537-5610-3
定　　价　39.80元

前言

走进不一样的观赏鱼世界

观赏鱼是指具有特殊色彩或奇特外形的以供人们观赏娱乐的小型养殖鱼类。观赏鱼不仅能满足人们对活体小型动物的饲养欲望，而且也能满足人们探索自然的好奇心，同时展现出一种回归自然的生活方式。

观赏鱼是一种天然的艺术品，具有装饰和美化环境、修养身心、增添生活乐趣等作用，每种观赏鱼都有自己独特的体态身姿和色彩斑纹，总是让人赏心悦目。人们从养殖观赏鱼的过程中体验到一种人生乐趣，一种精神投入的快感，一种丰富的生活方式。同时观赏鱼的出现又是社会文明进步的鲜明表现，一方面它产生于社会经济实力普遍增强的环境下，另一方面，高品质观赏鱼所带来的经济价值，在一定程度上也为人们增加了经济收益。

为了让读者更好地了解不同种类的观赏鱼，我们编写了这本书。书中选录的都是常见的观赏鱼，它们或体态优雅，或颜色亮丽，或体形奇特，都是养鱼爱好者在日常生活中所涉及的品种。本书对所列举的每种观赏鱼，都标明了它的中文学名，细致描绘了它的各部位特征，详细介绍了它的科属、别称、体长、分布区域、养鱼小贴士、性情、食性、鱼缸活动层次等，并为每种观赏鱼配备高清彩色照片，以图鉴的形式展现鱼的整体特征，便于读者全面认识观赏鱼。

本书在编写过程中得到了一些专家的鼎力支持，在此，我们表示感谢。但由于水平有限，书中难免存在些许差错，恳请广大读者批评指正。

阅读导航

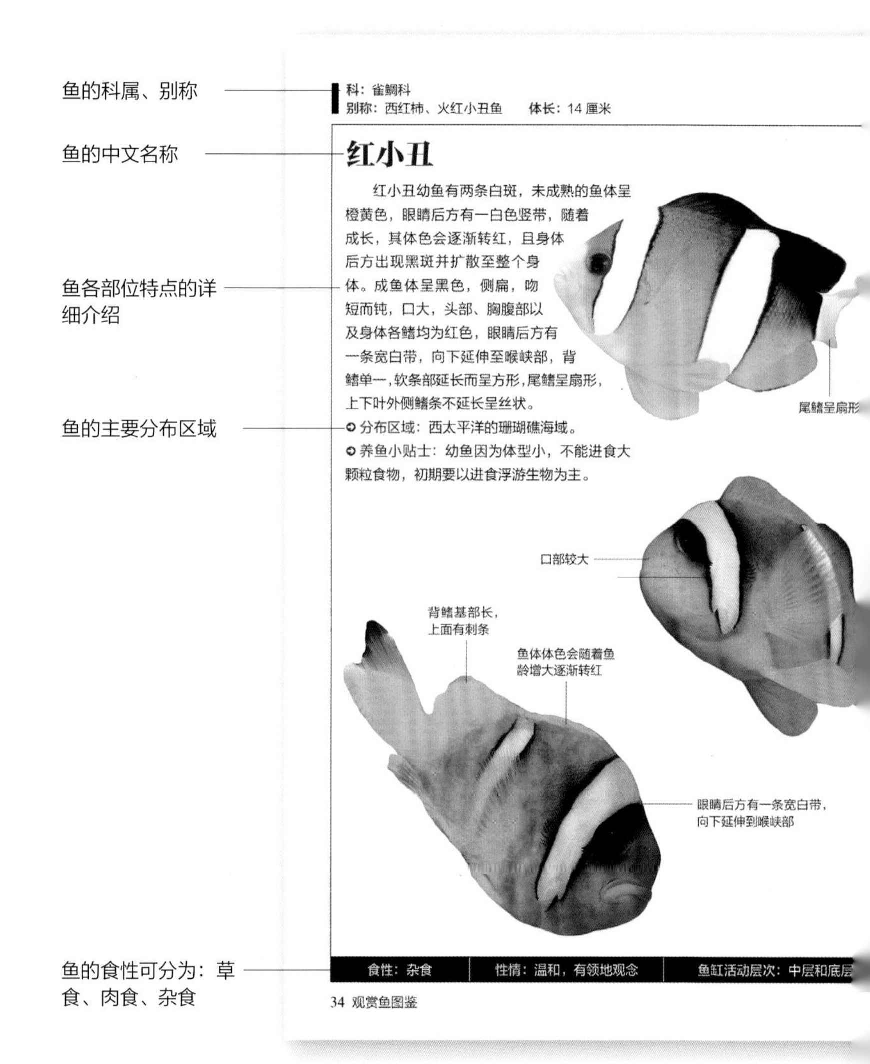

鱼的科属、别称
鱼的中文名称
鱼各部位特点的详细介绍
鱼的主要分布区域
鱼的食性可分为：草食、肉食、杂食
科：雀鲷科
别称：西红柿、火红小丑鱼　体长：14 厘米
红小丑
红小丑幼鱼有两条白斑，未成熟的鱼体呈橙黄色，眼睛后方有一白色竖带，随着成长，其体色会逐渐转红，且身体后方出现黑斑并扩散至整个身体。成鱼体呈黑色，侧扁，吻短而钝，口大，头部、胸腹部以及身体各鳍均为红色，眼睛后方有一条宽白带，向下延伸至喉峡部，背鳍单一，软条部延长而呈方形，尾鳍呈扇形，上下叶外侧鳍条不延长呈丝状。
分布区域：西太平洋的珊瑚礁海域。
养鱼小贴士：幼鱼因为体型小，不能进食大颗粒食物，初期要以进食浮游生物为主。
尾鳍呈扇形
口部较大
背鳍基部长，上面有刺条
鱼体体色会随着鱼龄增大逐渐转红
眼睛后方有一条宽白带，向下延伸到喉峡部
食性：杂食
性情：温和，有领地观念
鱼缸活动层次：中层和底层
34 观赏鱼图鉴

鱼成熟后可达的尺寸

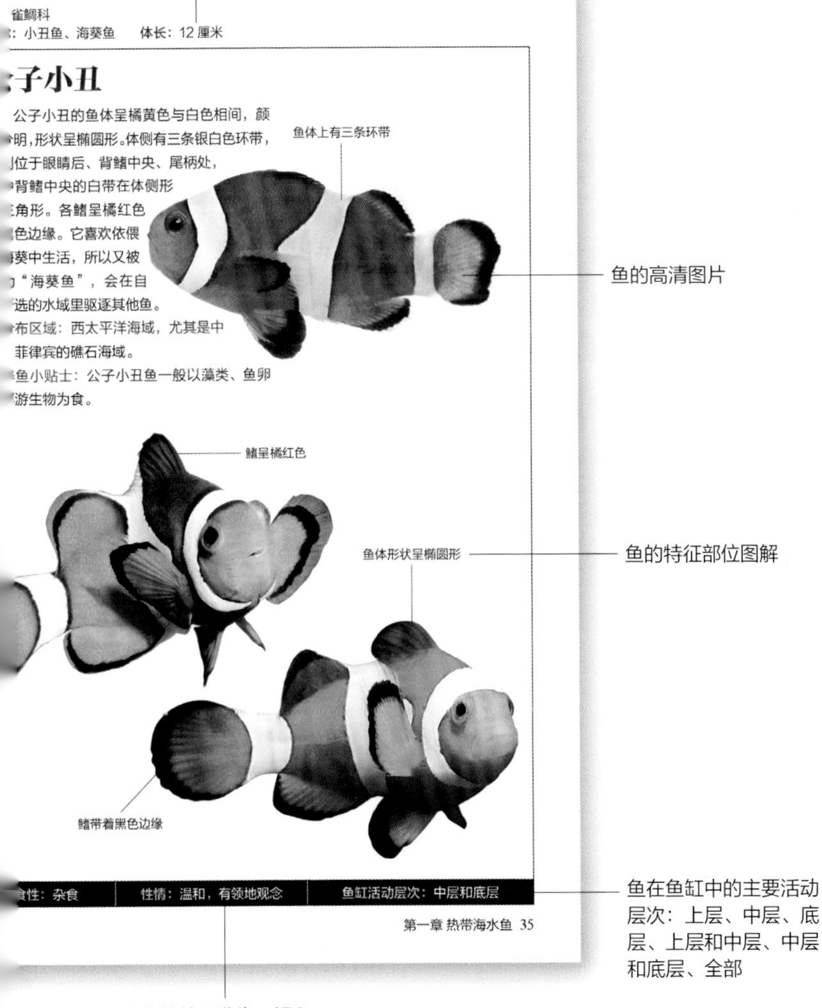

鱼的高清图片

鱼的特征部位图解

鱼在鱼缸中的主要活动层次：上层、中层、底层、上层和中层、中层和底层、全部

鱼的性情可分为：温和、喜群集、胆小、有领地观念、好争斗等

目录

双色神仙鱼

透红小丑

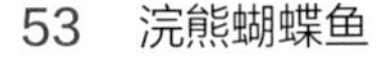

狮子鱼

紫帆鳍刺尾鱼

狐面鱼

第二章 热带淡水鱼

日光灯鱼

神仙鱼

暹罗斗鱼

孔雀鱼

金钱鱼

第三章 冷水性鱼类

狮头金鱼

红帽金鱼

探索观赏鱼的神秘世界

观赏鱼的分类

世界上鱼的种类有 3 万 ~ 5 万种，其中可供观赏的海水鱼和淡水鱼总共有 2000 ~ 3000 种，但常见的只有 500 种左右。以下将分别介绍几类观赏鱼。

鲤科鱼类

玫瑰鲃

鱼体颜色偏淡，呈淡玫瑰色，因此被称为玫瑰鲃，易存活。

科类特点：

鲤科为鱼类中最大的一科，有 2000 多种，属于淡水鱼类，分布广泛。鲤科鱼类的身体形态丰富多样，大多数身体上只有一个背鳍，与臀鳍明显分开的腹鳍在腹部，尾鳍分叉；鲤科鱼类的身体与多数鱼类一样被圆鳞覆盖；为了能够方便摄取各类食物，口器分化为各种不同的类型。鲤科鱼类的身体有一神奇之处，即在鳔和内耳之间有一可活动的小骨骼，称为“魏氏小骨”，作用是传递声音。而“魏氏小骨”与脊椎骨相连的构造又被称为“韦伯氏器”，可以传递鱼鳔所放大的声音振动，正是凭借敏锐的听觉，鲤科鱼类才能够更好地适应生存。

我国是世界上鲤科鱼类最为丰富的国家之一，其中，草鱼、青鱼、鲢鱼和鳙鱼四种鲤科鱼自古以来都是农家鱼塘中养殖的主要鱼种，故有“中国的四大家鱼”之称。

银鲨

偏向植食性，对水草特别偏爱。

大剪刀尾波鱼

属于杂食鱼，不喜欢争斗，很适合混养，尾鳍部位颜色分明，呈叉形。

脂鲤科鱼类

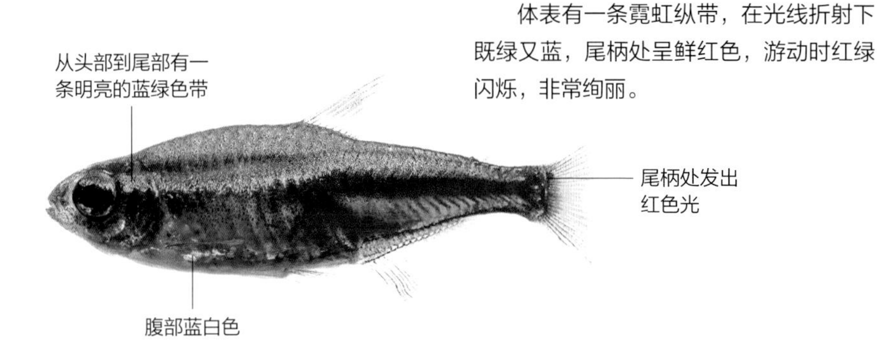

霓虹灯鱼

体表有一条霓虹纵带，在光线折射下既绿又蓝，尾柄处呈鲜红色，游动时红绿闪烁，非常绚丽。

科类特点：

脂鲤科是鱼类中较大的一科，有1300多个品种，主要分布于亚热带、热带，集中在非洲、南美洲的淡水湖或河流中。因品种不同，脂鲤科鱼类的体形差异较大，有的粗壮且长达40厘米，而有的则只有四五厘米长，非常纤细。脂鲤科鱼类的牙齿锋利，以食人鱼和银板鱼为例，它们能撕咬肉饵或其他鱼类。在繁殖上，脂鲤科鱼类属于卵生，产生的鱼卵利用其黏性，粘附在水草上。

在脂鲤科鱼类中，有很多类型的鱼深受人们的喜爱，如霓虹灯鱼、深红灯鱼等。

鲇科鱼类

午夜鲇鱼

午夜鲇鱼主要活跃于夜间，有隐居的天性。

科类特点：

鲇科鱼类有2000多种，世界各地均有分布，大多集中在美洲、亚洲地区。鲇科鱼类多数生活在池塘或河川等淡水中，部分生活在海洋里，以吞食小型鱼类为主，也有草食性的。鲇鱼形体为长形，头部平扁，尾部侧扁。嘴位于头的下位，嘴小，末端仅达眼前缘下方。齿间细，呈绒毛状，主要作用是防止食物滑出。成鱼的须有两对，长可达胸鳍末端。

鲇鱼眼小，视力弱，昼伏夜出，全凭两对触须猎食，很贪食，天气越热，食量越大，阴天和夜间活动频繁。鲇鱼的孵化方式特殊，雄性鲇鱼把雌性鲇鱼产的卵含在嘴里，以此孵出小鲇鱼。

丽鱼科鱼类

猪仔鱼

生长速度快，需要大量的食物。作为观赏性鱼类需定时换水。

科类特点：

丽鱼科鱼类原产于南美洲、非洲及西印度群岛，分布于热带的海水或淡水中。因具有食用及观赏用途而被引进到全球各地，主要分布于非洲、亚洲和美洲等地，有 2000 多个品种。丽鱼科鱼类体形奇异，色彩绚丽，以保卫“领土”及无微不至地关怀后代的行为而引人注目。丽鱼科鱼类喜生活于静止或微流的水域中。大部分鱼将卵产在平滑的石块、陶盆、玻璃片、金属片上，卵子受精后由雌鱼含在口中孵化，直到鱼苗能独立活动时，雌鱼才停止保护。

鳉科鱼类

剑尾鱼

鱼体强壮，抗寒性比较好，受惊后喜跳跃。

科类特点：

鳉科鱼类主要分布于南美洲、北美洲、亚洲、非洲以及欧洲的一些温暖地带，集中在浅塘、湖泊以及一些稍咸的沼泽河川中。鳉科鱼类体形娇小，如筒状，尾鳍如旗。雄性鱼色彩艳丽，花纹众多。在繁殖期，雌性鱼把卵产在水草或水底的沙石上，受精后经过几周或数月之后才孵化。鱼卵生命力较强，即使在断水的情况下也能存活一段时间。鳉科鱼类以杂食为主，可以捕食水面的食物。因色彩不同，各个种类之间不易识别。

攀鲈科鱼类

攀木鲈

鱼的体色会受生活环境影响，大多是银灰色。会跳跃。

科类特点：

攀鲈科鱼类是小型亚洲淡水鱼，原产于我国南方、马来西亚、印度，为亚洲特有鱼类，现分布于亚洲、非洲等地。攀鲈科鱼类的体内有一个辅助器官，可以在水面大量吸入空气，分离其中的氧气。攀鲈科鱼类体表色彩丰富，图纹众多。繁殖时在水面建立巢穴，将卵产于其中，还会发出嘶哑的声音。作为亚洲的特属，攀鲈科鱼类性情温和，水中姿态优雅。而非洲的攀鲈科鱼类性情凶猛，经常偷袭掠食。

鳅科鱼类

丑鳅鱼

丑鳅鱼是鳅类鱼中最漂亮的品种， 喜食活饵料，饲养比较容易。

科类特点：

鳅科鱼类广泛分布于亚洲各地，生活在湖泊、池塘等富有植物碎屑的淤泥表层，且体型小，只有约 10 厘米长。鳅科鱼类体形圆，身短，皮下有小鳞片，颜色青黑，浑身粘满了黏液，因而滑腻无法被握住。在鳅科鱼类眼睛下方有一根可竖直的棘，用以威慑入侵者。鳅科鱼类适应性较强，当水中缺氧时，可进行肠壁呼吸，而在水体干涸后，可钻入泥中潜伏，当严重缺氧时，也能跃出水面，用嘴呼吸。

观赏鱼的繁殖

胎生鱼

胎生鱼其实是卵胎生的，卵在母鱼的腹腔中受精之后并没有附在母体，而是直接吸收卵黄的营养发育成为仔鱼。胎生鱼受精过程是由雄鱼臂鳍附近的交接器，把精液送进雌鱼的生殖器中，进行体内射精，这个过程称为交尾。如果鱼所在的水温环境适宜，怀孕期大概为一个月，仔鱼入水时已经能够独立照顾自己。大多数胎生雌鱼有一项特殊的技能，它可以将精液保存在体内，不需要再次交尾就可以孵出小鱼，如孔雀鱼。而体内不能贮存精液的胎生鱼，则需要孵化后重新交尾，其仔鱼依靠胎盘而获取营养。

孔雀鱼

撒卵

这是非常简单的繁殖方式，但是其存活率不太高，所以雌鱼会增加产卵的数量，来提高卵存活的概率。雌鱼会在接受雄鱼的追求后在水中产下鱼卵，这时，雄鱼会给这些卵子受精，受精后的鱼卵会顺水漂流，有些直接会被其他的鱼吃掉，而少数依附水草和藏在乱石堆中的鱼卵才会活下来。玫瑰鲃就是以撒卵方式繁殖的一种鱼，其繁殖能力强。

玫瑰鲃

藏卵

用此类方式繁殖的鱼的生存环境很特别，它们生活在每年都会干涸一次的湖泊或池塘中，鱼产的卵必须经受住干涸的考验，时间一般可达几个月之久。在汛期来临时，鱼卵会重新浸泡在水中，这样才能孵出小鱼。观赏性鱼类的鱼卵需要在水域干涸之前就进行采集，然后在其半干的状态下进行保存，在需要的情况下进行孵化。剑尾鱼就是以藏卵方式繁殖的一种鱼。

剑尾鱼

粉红鼬小丑鱼

寄存卵

顾名思义，这类鱼卵需要有依附物，雌鱼在产下鱼卵之后，为保护这些鱼卵，会寻找一些水草、岩石之类的依附物，将鱼卵寄存在植物的叶子上或者是岩洞里，也有利用雄鱼特殊的肚囊来保护这些鱼卵的。为保护自己的鱼卵和新生的小鱼，这些鱼基本上都是成双结伴而游。小丑鱼就是以寄存卵的方式繁殖的一种鱼。

嘴卵

这用这类繁殖方式繁殖的鱼会把受精卵存放在自己的喉咙里，仅仅需要数周的时间，就可以将小鱼孵化出来。等小鱼可以自由活动时，雌鱼就不再给小鱼喂食了，在遇到特殊情况时，为保护小鱼的安全，雌鱼会把它们放入嘴中。位于大峡谷的鲤科鱼类，其受精过程充满趣味性，雌鱼会通过触碰雄鱼臀鳍上的斑点，来促使雄鱼射精。红月斗鱼就是采用嘴卵这一特殊方式繁殖的。

暹罗斗鱼

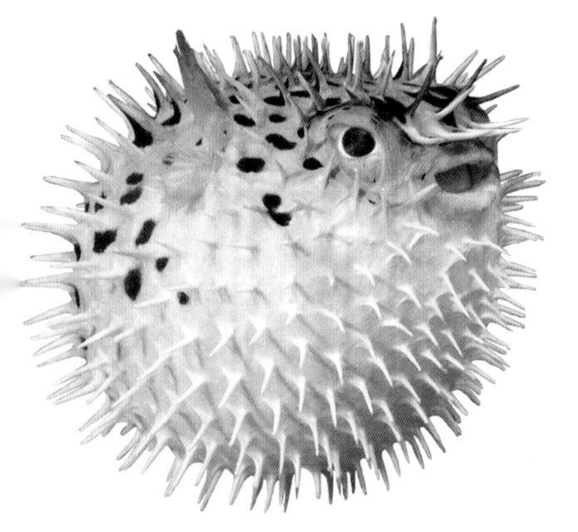

长刺河豚

筑巢

热带鱼有很好的筑巢本领，它们的筑巢方式多种多样，可以采取在沙里挖洞的方式，也可以采取吐泡泡的方式。在气泡巢中，雄鱼会涂满自己的唾液来吸引雌鱼的进入，进行产卵和受精。鱼的种类不同，所建的巢也会不同。雄性刺鱼是鱼类中的慈父，在孵卵期间，会随时清扫或加固巢穴。

观赏鱼的历史发展

饲养观赏鱼，一般选择热带海水鱼、热带淡水鱼以及金鱼、锦鲤等。

热带海水鱼和热带淡水鱼的养殖历史已有150年，起源于法国。20世纪40年代之后，品种逐渐增多。到20世纪70年代后期，新发现的野生品种以及新培育的品种总量已超过2500种，常见的也有600多种，养殖规模也在不断扩大。热带鱼的观赏点在体型和色彩，不同品种的体型差异很大。中小体型的品种，以游动速度快、体形奇特、成群性好、色彩艳丽而著称，一般在饲养过程中用少量背景物点缀，可使水族箱背景丰富。而大型观赏鱼品种多，杂食偏肉食性，不食水草；游泳速度快，体质强，但多数具有一定的攻击性；对氧气、水温和水质有一定要求，适应环境能力强，易于养殖。

皇帝神仙鱼

金鱼起源于中国，养殖历史至今已有1700多年，由鲫鱼变异而来，直到现在仍有原始野生种群。唐朝已有专业养殖的记录；南宋时由野生逐渐移入家庭并用于观赏；明朝时正式取名“金鱼”，李时珍的《本草纲目》中已明确记载了当时的一些名贵品种。从元朝开始南方的养殖方式开始向北传播；到清朝时金鱼养殖遍及全国，形成了一定的规模。据统计：到1982年，金鱼的品种已有240个，到现在已有500多个品种。金鱼的观赏点在形体和色彩，色彩鲜艳，姿态优美、飘逸，形体小而对称、多变。杂食，喜食水草和浮游生物，生性温和，无主动攻击行为。体质

日本金鱼

偏弱，对环境的适应能力不强，对初养者养殖有一定难度。金鱼中高头、龙种、蛋种等不同品种可以混养；水泡和天眼品种较为特殊，因为眼的变异影响视野，看不见前下方物体，争食能力较差，水泡的体积较大，行动迟缓，头重尾轻，易于受损，所以宜单养或少量混养。

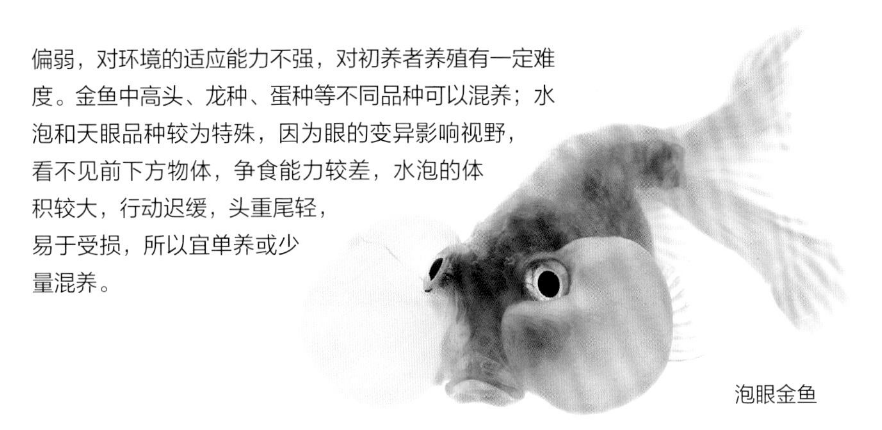

泡眼金鱼

锦鲤是由鲤鱼变异而来，最早是中国的野生红鲤，后传入日本，并在日本发现新的变色鲤。养殖历史约 210 年。1804 ~ 1829 年日本新潟县培育出浅黄锦鲤和别光锦鲤；1917 年培育出最原始的红白鲤，后来有了红白鲤改良品种，之后又出现了一系列品种。早期的变色鲤，色系少，1906 年引进德国的无鳞“革鲤”和“镜鲤”与日本原有的锦鲤杂交，才培育出色彩斑斓的品种，日本定为“国宝鱼”，后改称锦鲤，但品种远不及金鱼多，至今约有 13 个品系，120 多个品种。锦鲤的观赏点主要在色彩。锦鲤体型偏大、较标准，色彩浓厚而斑斓，气质高雅而华贵；品种多；杂食，可食水草类植物；生性温和，游泳速度快，呈流线型；无主动攻击性；体质强，对环境的适应能力很好，易于养殖。容器养殖时宜用小体型鱼，可多品种相配，平侧视效觉果较好，水体同样不宜用大量水草布景；庭院小池养殖则宜用偏大体型，布景主要用固定景，如曲线型池边、假山、石墩、小雕塑、流水等，多品种搭配，宜俯视，以观赏体态身姿和背部色彩为主。

锦鲤

观赏鱼的器官与功能

鱼类体型一般为漂亮的流线型，不同的生活环境会形成不同的体形，如侧扁形、球形、棍形、带形、扇形等。

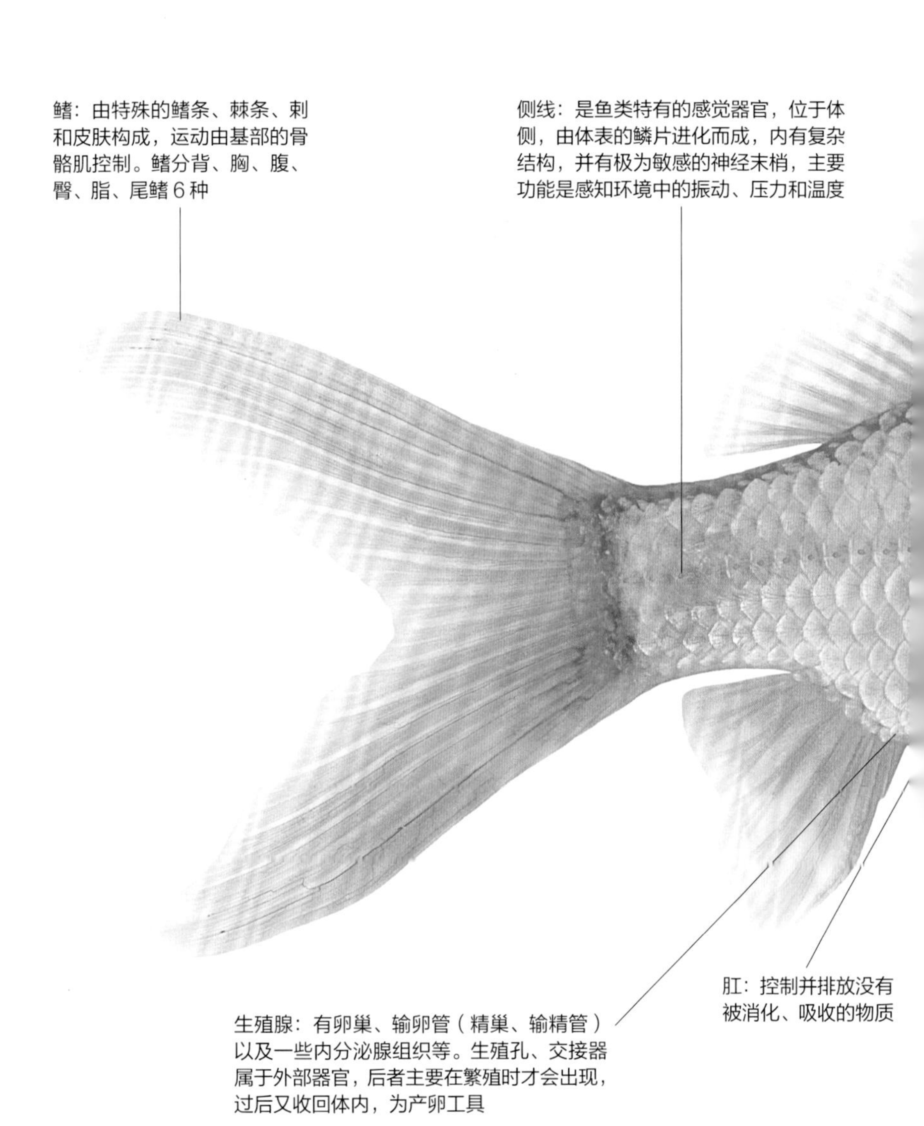

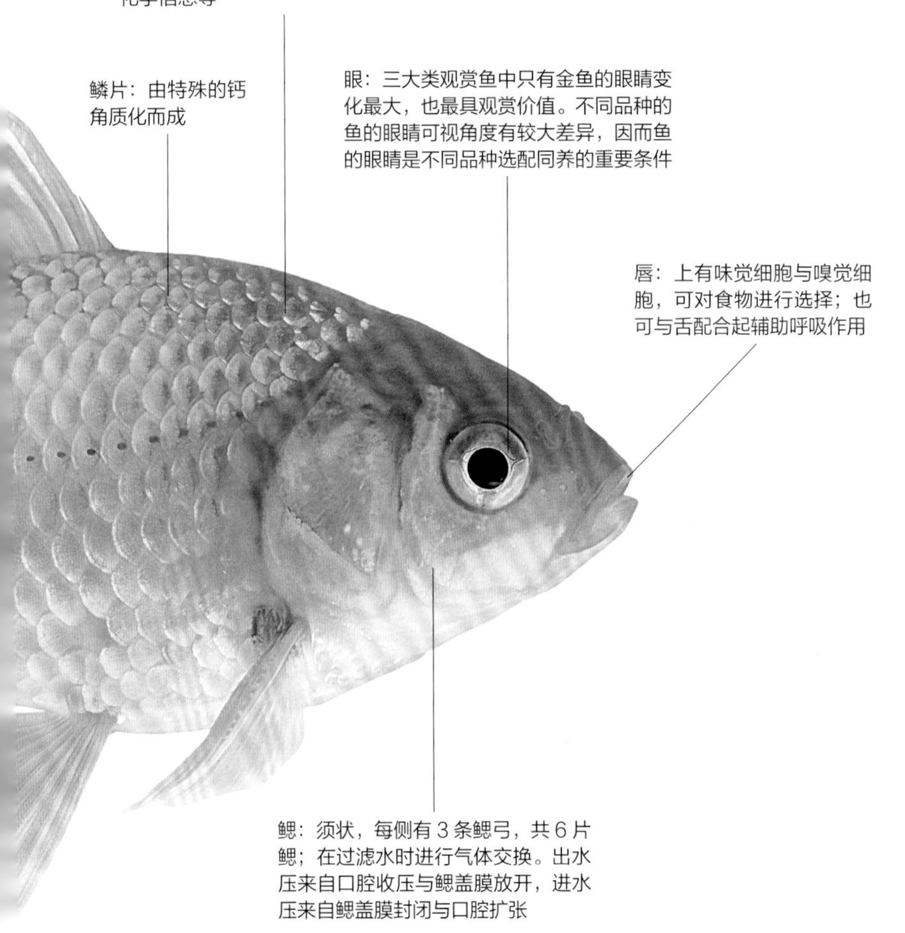
皮肤：由表皮、鳞片与真皮构成。表皮上有大量的色素细胞、黏液细胞等，主要功能是抗菌、伪装、参与运动、发布化学信息等
鳞片：由特殊的钙角质化而成
眼：三大类观赏鱼中只有金鱼的眼睛变化最大，也最具观赏价值。不同品种的鱼的眼睛可视角度有较大差异，因而鱼的眼睛是不同品种选配同养的重要条件
唇：上有味觉细胞与嗅觉细胞，可对食物进行选择；也可与舌配合起辅助呼吸作用
鳃：须状，每侧有 3 条鳃弓，共 6 片鳃；在过滤水时进行气体交换。出水压来自口腔收压与鳃盖膜放开，进水压来自鳃盖膜封闭与口腔扩张

你是合格的饲养者吗

观赏鱼的选择与饲养

在家养鱼，毕竟不像养小猫、小狗那么简单。买鱼的时候，不仅要考虑鱼的外形，还要考虑到鱼的习性——是否需要特殊照顾，以及家中的鱼缸能否满足鱼的生活需求等。如果你想将鱼进行混养，那么要考虑的因素更多。

购买鱼时的健康检查

要知道你所购买的鱼，在到达商店之前，也许已经经过了长途跋涉，鱼的身体已经很虚弱，甚至身体上已经有了创伤，在购买之前要进行仔细的检查。

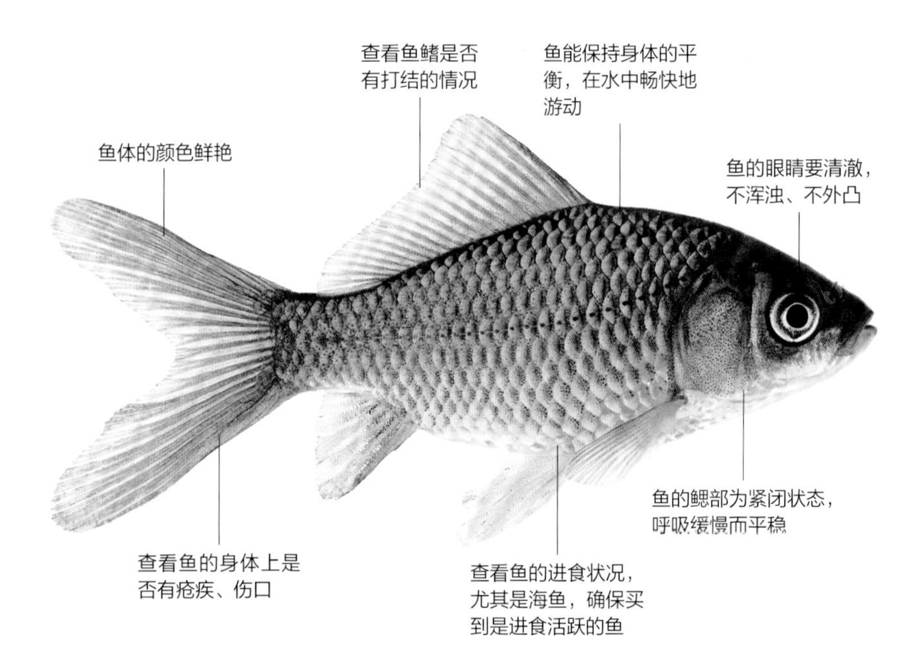

考虑水族箱的大小

买鱼的同时要考虑到家中的水族箱是否适合所购买鱼的生存，一般购买的都是幼鱼，有些鱼生长的速度很快，长得过大就不适合待在空间狭窄的水族箱中；有些海鱼更是不能直接在水族箱中饲养，所以要依据水族箱的大小来购买幼鱼。

创造性养鱼

想要在家中呈现一个小型的水底世界，就需要发挥创造力。偌大的鱼缸中只养一种鱼，未免太过单调，聪明的主人会依据鱼的活动空间不同，购买能在水族箱各层活动的鱼。这样，你的水族箱就会呈现出一个奇幻的水底世界了。

鱼的混养原则

每种鱼都有不同的特性，在品种选择和混养时，一般应掌握以下原则：

1. 上述不同类别观赏鱼间不宜互搭混养。

2. 热带鱼中有淡水鱼、海水鱼之分的不能混养。

3. 性情凶猛与性情温和的鱼不能混养。如热带鱼对金鱼和绵鲤都具有一定的攻击性，使其受惊、受伤。相反，攻击性较强的鱼混养在一起，反倒能减少互相之间的攻击。另外，能混养的鱼在空间的分配上应力求均匀，有些鱼的领域性很强，要避免由于密度太大而发生争夺地盘的行为。

4. 混养时同缸中的鱼，体形上不可有过大的差距，大鱼往往会仗势欺负小鱼。

5. 要掌握混养鱼的食性，不同食性的鱼混养一池会出现顾此失彼的现象。如金鱼和绵鲤都属鲤科鱼类，杂食，当水体饵料不足或养殖密度过大时，有食用水草的习惯，对水草布景有一定破坏性。

6. 要考虑水质、水温的品种适应问题。比如非洲慈鲷喜欢 pH 值较高的水质，七彩神仙等鱼较喜欢 pH 值较低的水质，许多热带鱼并不喜欢很高的水温，比如锦鲤、金鱼等冬天饲养根本无须加温。

饲养观赏鱼的常用设备

养殖观赏鱼，其实就是人为地模拟一个适合鱼儿生长的生存环境，而这个人造环境的好坏，直接影响鱼的生存状态。因此，要养好观赏鱼必须配备基本的饲养器材，这样才能使观赏鱼健康的生长，从而真正发挥“观赏”的作用。一个功能基本完备的观赏鱼生存环境主要包括：水族箱、过滤装置、充气装置、控温装置、照明装置、置景。

水族箱

水族箱是养殖观赏鱼的最基本设备，它的外形、质地对观赏鱼也有十分重要的影响。常见水族箱主要有：

普及型玻璃水族条箱

是由五块玻璃通过玻璃胶贴合形成的一种十分普通的水族箱。因其造价相对低廉而成为观赏鱼养殖中采用较多的一种水族箱，但该箱各玻璃贴面采用直角接合，使得观赏角度受到一定的影响，箱的外形相对呆板。

曲面水族箱

采用整体玻璃制作而成，一改普及型水族箱的缺陷，在箱的正面形成一个优美的曲面，两侧由一块玻璃成形，增加了观赏视角及观赏效果，是一种价格较高的水族箱。

过滤装置

观赏鱼生活在封闭的水族箱中，每日排出的排泄物、残饵腐食及水中的杂质，无法通过大自然的自净作用进行调节。因此，要通过人为的方式对水进行处理，过滤装置就是水处理的一种装置。常见的过滤装置包括过滤器和滤材。

过滤装置：主要有底部式过滤、沉水式过滤、外部挂式过滤、过滤棉、珊瑚砂等。

底部式过滤：将过滤器安装于水族箱底部，接空气导管并在其上覆盖 4 ~ 5 厘米的砂石，利用气泵生产的气流从下至上产生对流循环，使水流通过砂石形成的过滤层达到净水的目的，本方式的水净化功能优于其他方式的过滤装置。另外，采用砂石作为滤材，可与鱼、水草、水形成和谐一体的自然景观，从而增加了水族箱的观赏性。缺点是清理时十分费时、费事。

沉水式过滤：将过滤装置沉入水中，利用水泵将水直接吸入到过滤器内，使水经由过滤器的滤材后再注入到水族箱中。此方式简单，声音小，维护方便。

外部挂式过滤：将过滤装置安放在水族箱的侧边或上方，以水泵将水抽进过滤器的滤材中进行过滤。本方式维护简单，使用方便，但效果不如底部式好，常将其与底部式过滤配合使用。

过滤棉：除有能将水中的悬浮颗粒滤除的作用外，还可分解水中致病的有机物。可重复使用，当过滤沉积物过多时，只要清洗干净即可再次使用。

珊瑚砂：为海中珊瑚虫形成的骨骼碎片，可使水质碱性增强，影响水的硬度，因此，对于那些生活在酸性软水中的观赏鱼，就不太适宜用此滤材。

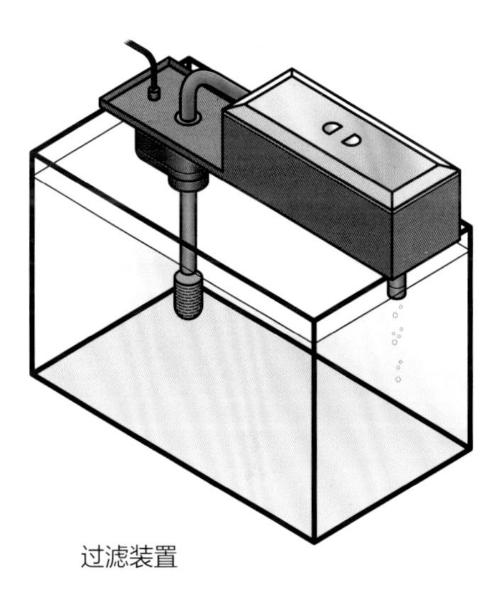

过滤装置

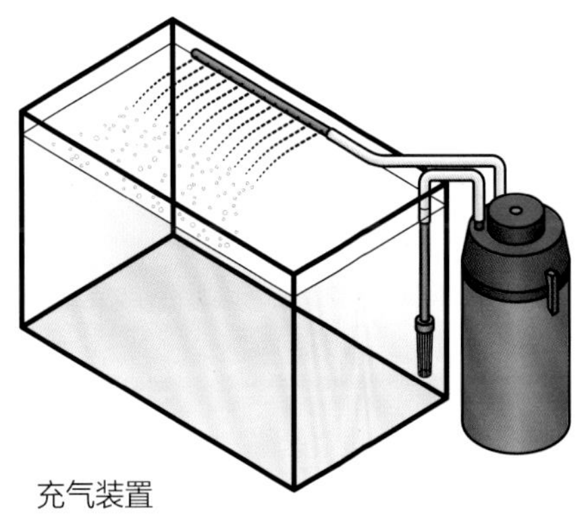

充气装置

充气装置

功能主要是向水中提供充足的氧气。此外，充气时形成的水流可使加热时水温均匀分布，因此是养殖观赏鱼不可缺少的器材。家用水族箱常用的充气装置主要是电磁式振动充气机。

控温装置

观赏鱼有许多原来生活在热带或亚热带地区，因此对水温要求严格，一般都在20～30℃之间。水温过低，会使鱼的活力下降，易患病，甚至死亡。在我国大部分地区，均有气温低于20℃的时候，因此控温装置是热带观赏鱼养殖中必备的装置。常用的控温设备是外挂式加热器，使用时将加热器上端悬挂或吸附在水族箱壁上，使其连有电线的一端1/3～1/4长度暴露在水面上，然后通过顶端的温控旋钮设定所需的温度。新购买的外挂式加热器，在初次使用时最好经常观察加温情况，及时调整温度，以免加温过度或加温不够。

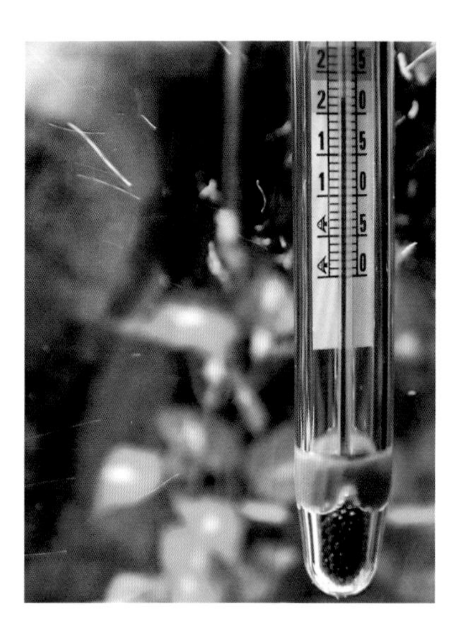

照明装置

光不仅可以照明，还可以给鱼缸内水草的光合作用提供能量。带罩的日光灯照明效果最佳，但有海水礁石的鱼缸则需要高强度的金属碱化灯或者水银蒸气灯。白炽灯发热量太大，但也可以促进水草生长。

置景

堆砌假山、水底沉木、嫩绿的水草都可以用来装饰水族箱。食草鱼类可能会吃掉水草，因此可以用塑料质地的装饰品来代替。需要注意的是，装饰物所占据的地方不能过大，否则会影响鱼儿的正常活动范围，而且购买的装饰物不能出现溶解或者挥发的情况，否则会污染水质，影响鱼儿的健康。

除了以上列举的装置之外，有时，还需要一些管理器材和辅助器材。充足的装备能够为你养殖观赏鱼保驾护航。

日常管理器材是不可缺少的，配备合适、高档的管理器材不仅可使你养殖观赏鱼时得心应手，而且也可以增添养鱼的乐趣。另外，饲养观赏鱼的过程中难免会遇到各种问题，特别是对于初学者来说，准备足够的辅助器材也是必要的。如鱼捞，当鱼生病时，它能转移没有生病的鱼，捞取水中的死鱼及漂浮物，防止疾病的传染；购买鱼捞时，鱼捞的大小应与水族箱相适应，质地要柔软，网眼要与养殖的鱼类相配，否则容易对鱼造成损伤。再如箱盖，因为观赏鱼的品种多种多样，每个品种的特点也不尽相同，有的鱼很善于跳跃，箱盖可以防止鱼从水族箱中跳出，并能够减少水分的蒸发，防止水中盐度过高；箱盖有两种，一种是把灯和盖合为一体的箱盖，另一种是没有灯的箱盖，在日常饲养和管理时，灯盖一体的箱盖使用起来会更方便一些。

总之，饲养观赏鱼需要的设备应该尽量准备充足，并且要考虑到具体饲养的鱼种，这样才能避免因设备不足对鱼带来的不良影响，尽情享受饲养观赏鱼带来的生活乐趣。

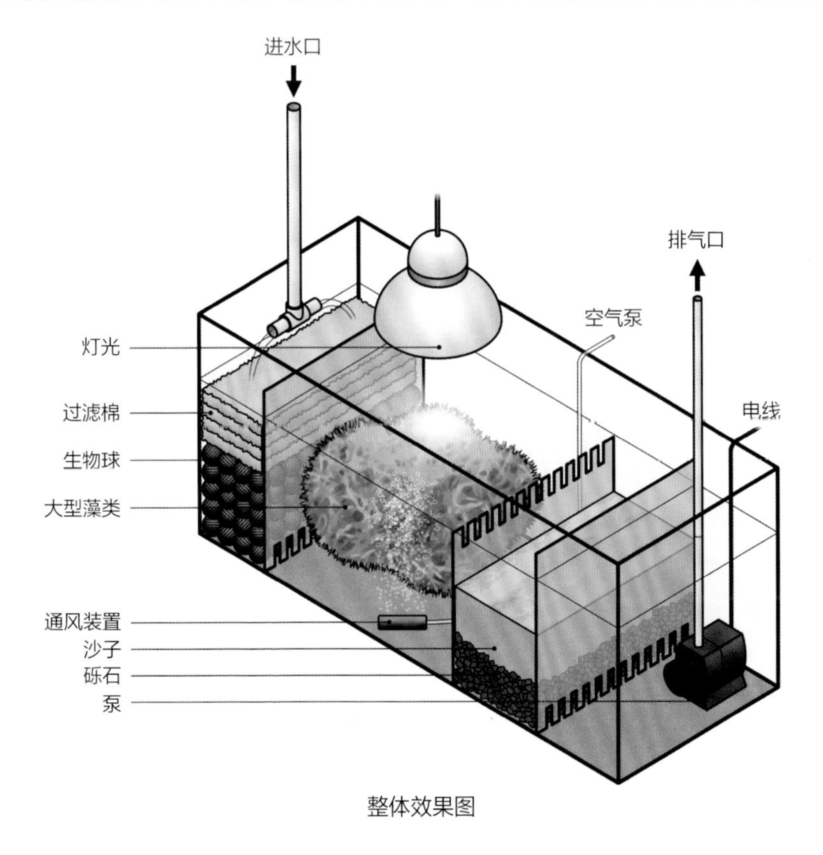

整体效果图

喂食观赏鱼

观赏鱼对蛋白质、脂肪的总需求量要比食用鱼高许多，特别是蛋白质，一般含量在 40% 以上，部分名贵品种如七彩神仙鱼在 50% 以上，海水观赏鱼更高，一般应在 48% ~ 55%。观赏鱼对糖类的需求量却比食用鱼低，原因是食用鱼利用糖类的能力较观赏鱼低。另外，饵料中还要添加一类特殊的增色成分，作用是促进鱼类色素细胞的生长，使鱼体色更加鲜艳亮丽。

饵料有两大类：人工配制饵料、生物活饵料。

人工配制饵料

用多种动物、植物原料和不同种类的饲料添加剂，按一定比例加工配制而成。可分为三种：

1. 生饵：由未熟制过的动植物饵料与相应的添加剂配制而成，优点是营养全、新鲜、加工简单，缺点是不易贮存，用后对水质影响大，需要及时换水等。如以牛心或去脂牛肉、维生素、酵母、蛋黄等混合绞碎，冷冻储存，使用时再切块投喂。

2. 片饵：各种薄片与薄片锭状饵料，投入水中或粘贴缸壁即吸水软化，鱼再慢慢吸食。薄片饵料适合小型鱼食用，喂食方便，但残饵分散缸底不易清除，时间长容易造成水质污染。

3. 膨化饵：这种饵料是在高温高压的机械设备下生产出来的，不但可以达到完全熟化的目的，而且具有杀菌效果，还可以根据需要制成浮性、半浮性、沉性产品。这种产品可以在水中维持 3 小时以上的完整性，其颗粒可大可小，根据不同种类观赏鱼不同生长阶段，研制适合其摄食的膨化颗粒饵料。这种膨化颗粒饵料具有污染小、利用率高、投喂方便、储存方便、营养成分完全按人工配方配制等优点，是目前饲养观赏鱼最理想的饵料。

金龟子幼虫

生物活饵料

主要指各类用作饵料的水生生物，这些活体生物营养丰富、新鲜、易于消化吸收，对鱼类有较强的诱惑力。饵料主要有轮虫、水蚤（红虫）、丰年虾、金龟子幼虫、小型水生昆虫幼体等，动物性饵料可提供大量高品质的动物蛋白和各种特殊的生物活性物质，对鱼类特别是幼鱼的生长极为有利。在鱼类幼体食性转换前，尤其要用轮虫、红虫等喂食，活饵中含水量达 70%，更有利于消化吸收；另外活饵中还有面包虫、蚕蛹等动物性品种。植物性饵料有人工培育的各种藻类及水草等。植物性鲜活饵料可大量提供各种植物纤维、维生素以及多种矿物成分等，可提高鱼体自身免疫力，提高抗病能力，并使体色更鲜艳。

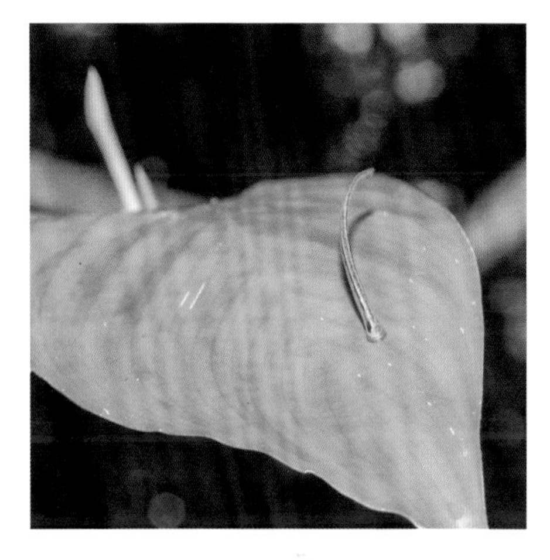

投放原则

不同品种的鱼对饵料的要求不同，食量也不同，投放的基本原则是多次、少量、分散。过多的投放，鱼类食用过多，有的鱼会因消化不良引起消化系统疾病，甚至导致死亡；同时投饵过多，没有被食用的饵料易在水中腐败，将对水质产生重大影响；投饵不足会引起鱼儿争斗，因此饵料投放要适量。每天饵料用量一般为鱼体重的 3% ~ 5%。

观赏鱼的防病治病工作

观赏鱼的防病治病工作应坚持“预防为主，治疗为辅，防重于治”的原则。具体应做好以下几点：

（1）新购进的观赏鱼放养前，应进行鱼体消毒，一般采用高锰酸钾清洗。

（2）定期进行水体消毒。

（3）鱼缸、水族箱等容器要经常刷洗和消毒。一般可用 3% ~ 5% 浓度食盐水或 10 毫克 / 升高锰酸钾溶液浸泡 2 天，也可用 20 毫克 / 升漂白粉液消毒。

（4）当发现有病鱼时，应及时将其取出单养；同时对食物、水和可能的病源加以消毒。如病情严重，发病鱼数较多，还应对养殖用具及养殖场所进行消毒。

（5）换水、换鱼时要细心操作，避免鱼体受伤。

（6）要保证饵料质量，饵料要新鲜、清洁、适口，发霉变质的饵料不能投喂。

观赏鱼的常见疾病、病因、病状及治疗方法

疾病	病因	病状	治疗方法
烂鳃病	水质不良引起，水温20℃以上可传染流行	病状为鳃部多黏液，鳃丝苍白、缺损、腐烂，呼吸困难，浮头缺氧，行动迟缓无力	在水温32℃、浓度为2%的食盐水中浸泡15分钟；用0.02%浓度的呋喃西林液浸泡10分钟，或再稀释10倍后洒入全池、缸
肠炎病	食物不洁引起，4～10月流行	病状为厌食、独处、腹胀、肛红肿、排白色线状黏性物、体色失鲜	用0.1%浓度的漂白粉液浸泡；每千克饵料加入5～10克呋喃唑酮，连续投喂5天
水霉病	体表伤痕和不洁水引起，水温18～23℃时流行，梅雨期多发病	病状为体表伤口处有白毛状菌丝，伴有组织坏死、溃烂、食欲差、行动缓慢，长时间会引起死亡	0.4%～0.5%浓度的食盐水加同样浓度的碳酸氢钠（小苏打）洒缸，或0.07%浓度的孔雀石绿液浸泡病鱼3～5分钟
小瓜虫病	水质过肥并有外来源引起，水温15～25℃易发	病状为体表、鳍、鳃上有白色点状囊泡、体瘦、鳍破、厌食、游动慢、多漂浮	用1%浓度的食盐水浸泡数天；用2ppm浓度的硝酸亚汞药液浸泡30分钟
三代虫病	一种寄生虫病，4～10月池养水质差易发	病状为体瘦，拒食；初病时极度不安，后有狂躁现象，快速游时硬物撞擦体侧，平时少动，体力耗尽后死亡	用0.02%浓度高锰酸钾洗泡病鱼10分钟；用0.2%～0.4%浓度晶体敌百虫液遍洒全缸
浮头	水体缺氧引起，夏季闷热易发	在病状为无论大小鱼均浮水面，吞食空气，呼吸急促，人赶不走或走不远又回，厌食	实时人工增氧，加强水体对流，减少水体有机物和生物密度，紧急时可换水或化学增氧
漂浮病	食物或水环境不良引起，低温下易发	病状为静态侧翻浮于水面或沉底，偶有无方向性摆动，呼吸慢而平稳，极少食	病鱼集中管理，上调水温，常以人工调整不浮不沉的状态，量少多次投饵，静养2～3周
感冒	短时温差过大和水质不适引起，四季都可发	病状为少动，不食，体色失鲜，各鳍收缩，神情木讷，无力	病鱼集中管理，投鲜活饵，上调水温，少换水，少刺激，加强光照，加少许小苏打调水，静养

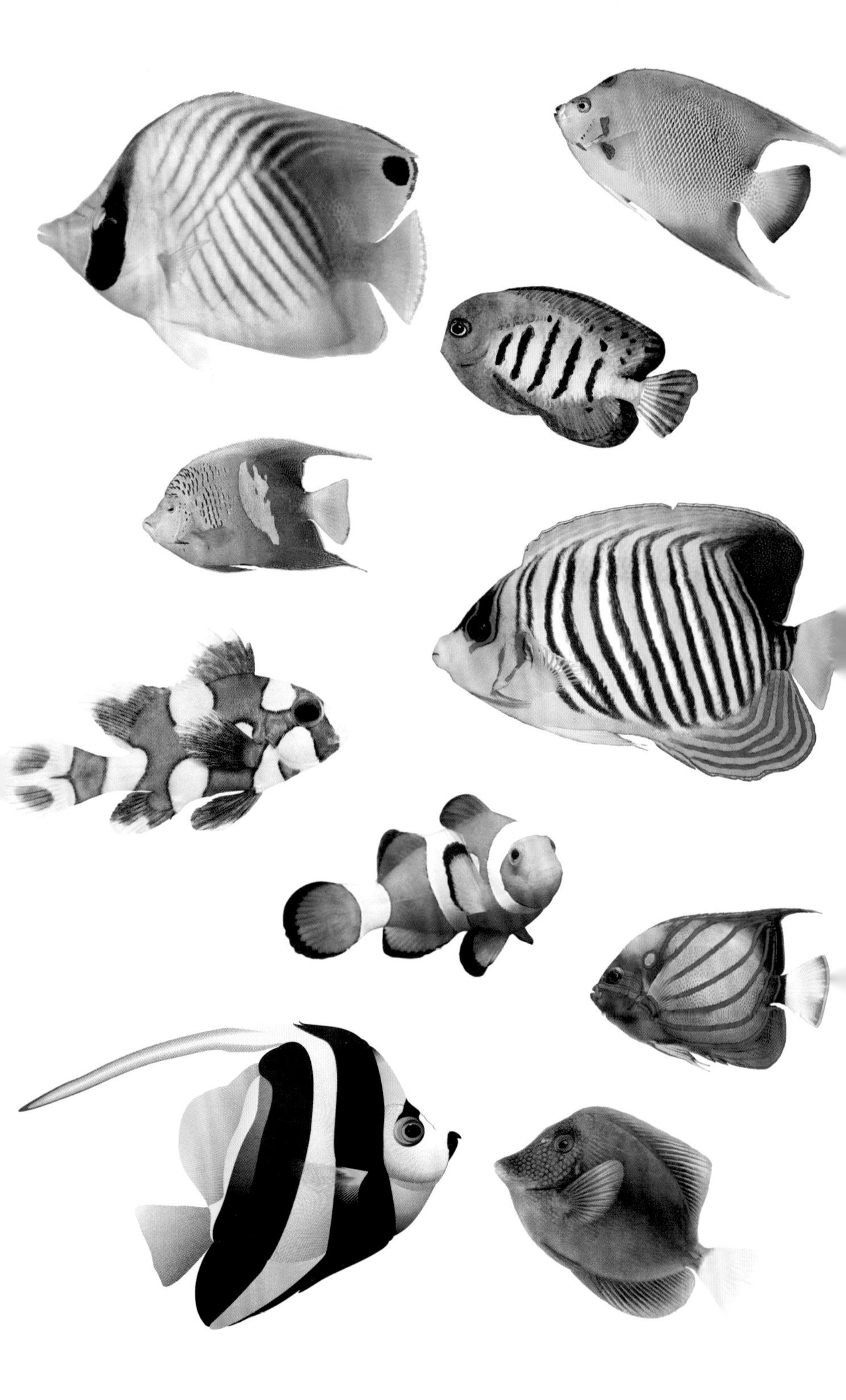

第一章

热带海水鱼

热带海水观赏鱼主要来自于
印度洋、太平洋中的珊瑚礁水域，
品种很多，体形奇特，体表色彩丰富，
具有一种原始神秘的自然美。
热带海水观赏鱼较常见的品种有
雀鲷科、棘蝶鱼科等。
体表花纹丰富，千奇百怪，
充分展现了大自然的神奇魅力。

科：雀鲷科

别称：西红柿、火红小丑鱼　　**体长：**14 厘米

红小丑

红小丑幼鱼有两条白斑，未成熟的鱼体呈橙黄色，眼睛后方有一白色竖带，随着成长，其体色会逐渐转红，且身体后方出现黑斑并扩散至整个身体。成鱼体呈黑色，侧扁，吻短而钝，口大，头部、胸腹部以及身体各鳍均为红色，眼睛后方有一条宽白带，向下延伸至喉峡部，背鳍单一，软条部延长而呈方形，尾鳍呈扇形，上下叶外侧鳍条不延长呈丝状。

尾鳍呈扇形

- 分布区域：西太平洋的珊瑚礁海域。
- 养鱼小贴士：幼鱼因为体型小，不能进食大颗粒食物，初期要以进食浮游生物为主。

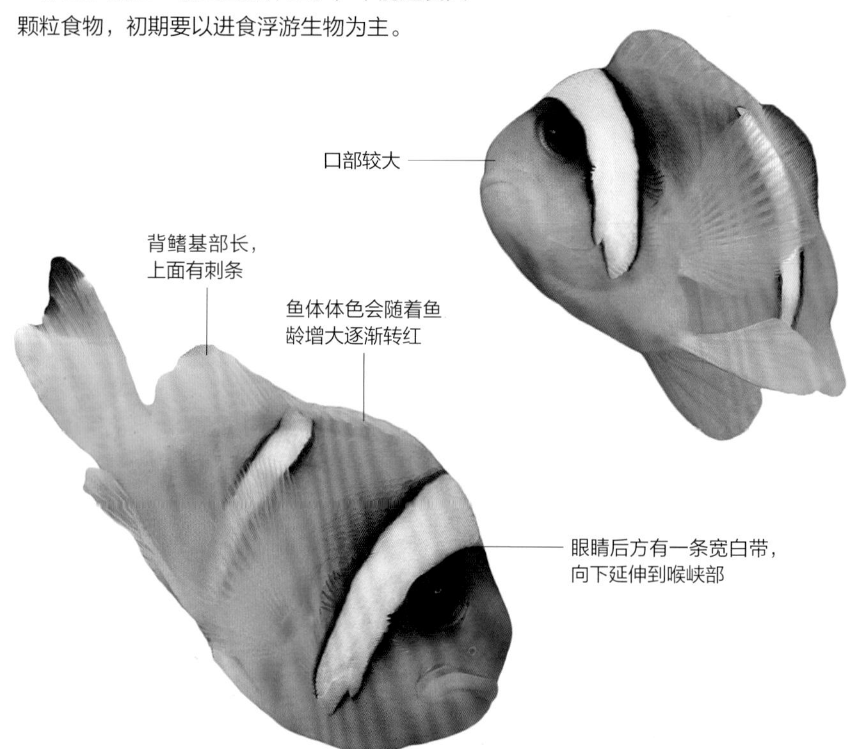

食性：杂食	性情：温和，有领地观念	鱼缸活动层次：中层和底层

科：雀鲷科

别称：小丑鱼、海葵鱼　　**体长：**12 厘米

公子小丑

公子小丑的鱼体呈橘黄色与白色相间，颜色分明，形状呈椭圆形。体侧有三条银白色环带，分别位于眼睛后、背鳍中央、尾柄处，其中背鳍中央的白带在体侧形成三角形。各鳍呈橘红色有黑色边缘。它喜欢依偎在海葵中生活，所以又被称为“海葵鱼”，会在自己所选的水域里驱逐其他鱼。

鱼体上有三条环带

➲ 分布区域：西太平洋海域，尤其是中国、菲律宾的礁石海域。

➲ 养鱼小贴士：公子小丑鱼一般以藻类、鱼卵和浮游生物为食。

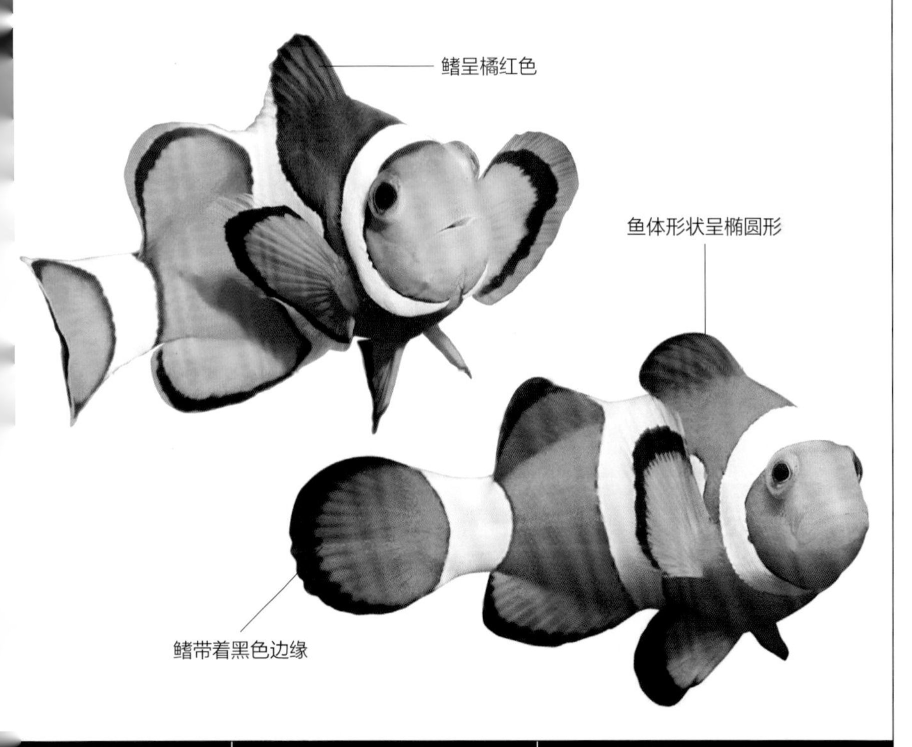

食性：杂食	性情：温和，有领地观念	鱼缸活动层次：中层和底层

科：雀鲷科
别称：橙红小丑鱼　　体长：8厘米

粉红鼬小丑鱼

粉红鼬小丑鱼的鱼体呈金色带粉红色，它和红小丑相似的地方就是有一道白色较窄的条纹穿过头部、盖住鳃盖。粉红鼬小丑鱼还有一条白色条纹从吻端穿至尾柄末端，瞳孔边有金框圈住黑眼睛。鳍圆，色泽较鱼色浅些，雄鱼的背鳍和尾鳍有橘黄色边缘。粉红鼬小丑鱼经常躲避在海葵处。

鳍呈圆形

➲ 分布区域：菲律宾、中国、泰国及澳大利亚北部海域。

➲ 养鱼小贴士：粉红鼬小丑鱼的个性很胆小，最好在水族箱中为其提供一些可躲避的东西。

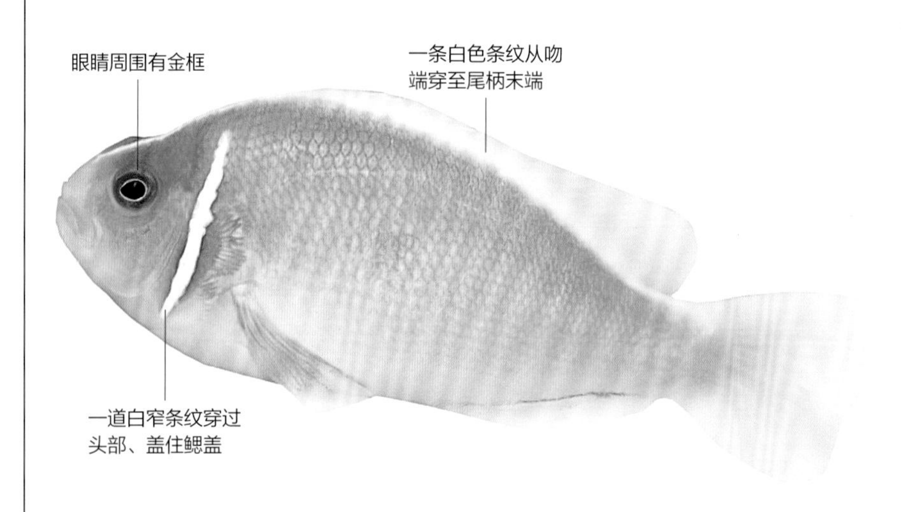

食性：杂食	性情：胆小	鱼缸活动层次：中层和底层

科：雀鲷科
别称：棘颊小丑鱼　　体长：15 厘米

透红小丑

透红小丑的鱼体比较强壮，整体体色是深紫褐色，最明显的特点是眼睛下有一对大刺，因此它又被人们称为棘颊小丑鱼。另外，还有三道白色细细的条纹纵穿鱼体。

➲ 分布区域：印度洋、太平洋地区，尤其是马达加斯加、菲律宾、澳大利亚等地的珊瑚礁中。

➲ 养鱼小贴士：透红小丑可以混养，但是最好与大小不同的其他鱼，如公子小丑鱼等混养。

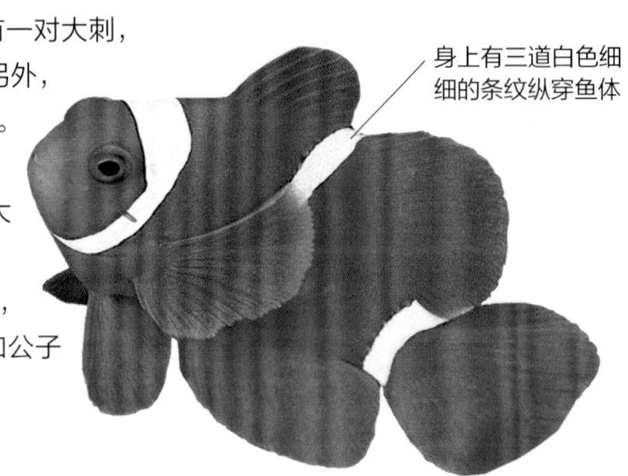

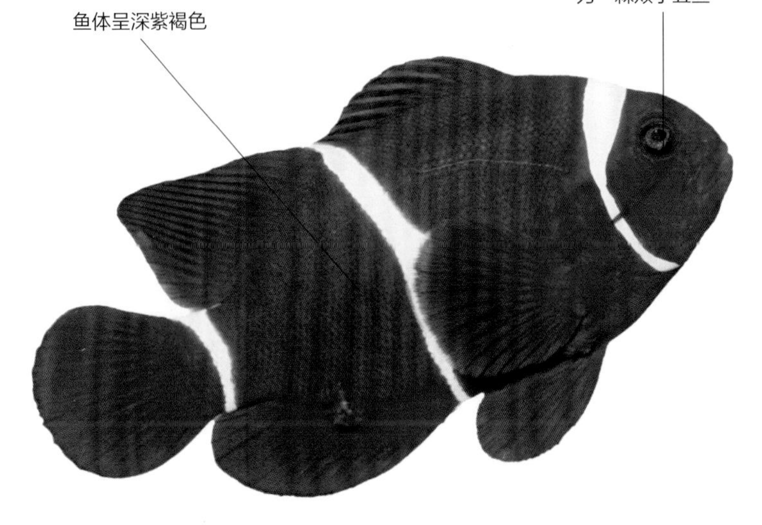

食性：杂食	性情：好争斗	鱼缸活动层次：中层和底层

科：盖刺鱼科
别称：黄鹂神仙鱼　　体长：13 厘米

双色神仙鱼

双色神仙鱼最明显的特征就是鱼体上有两种显而易见的颜色，鱼体的前半部分是黄色，后半部分是深蓝色。另外，它额头部分还有一块蓝色斑纹，尾鳍部分呈黄色。双色神仙鱼因为外形原因，被叫作黄鹂神仙鱼。

身体上有黄、蓝两种颜色

➲ 分布区域：从东印度群岛到萨摩亚群岛的西太平洋珊瑚礁中。

➲ 养鱼小贴士：双色神仙鱼喜欢成对或成群出现，主要以藻类、珊瑚虫及附着生物为食。

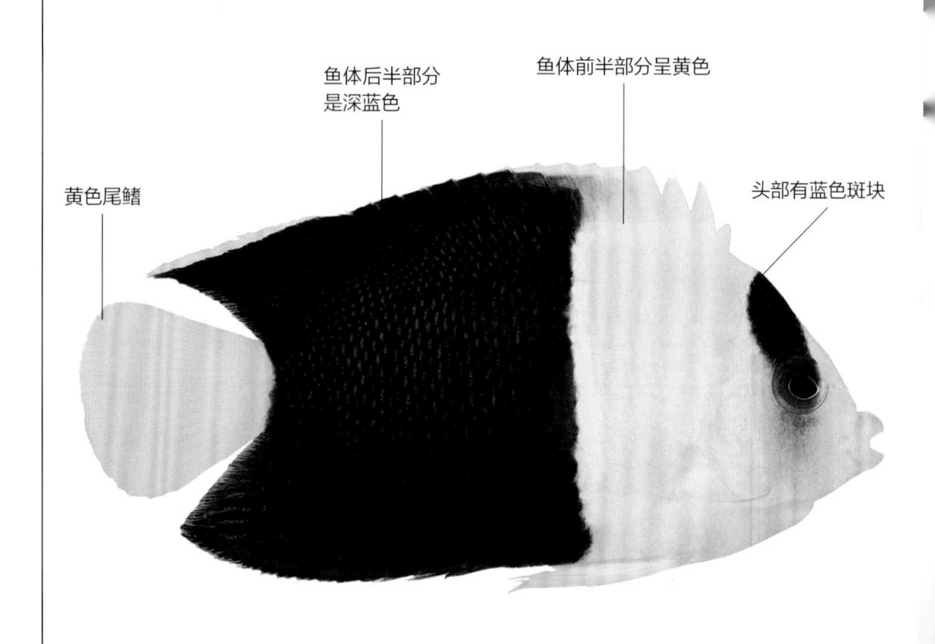

食性：杂食	性情：温和	鱼缸活动层次：全部

科：盖刺鱼科
别称：珊瑚美人、蓝闪电神仙、双棘刺尻鱼　　**体长：**13 厘米

蓝闪电

鱼体侧扁

蓝闪电鱼的鱼体颜色就像黄昏时远处的天空一样漂亮，融合了金黄和蓝紫色。蓝闪电鱼体侧扁，头部不大，吻部较小，背鳍、臀鳍和尾鳍上都有图案，并且在这些部位的边缘处还有环绕着的蓝色边缘。在蓝闪电发情的时候，颜色变得十分艳丽。

尾鳍呈圆形

➲ 分布区域：太平洋中西部海域和西非海岸，尤其是澳大利亚和东印度群岛海域。

➲ 养鱼小贴士：可以在珊瑚中饲养，在喂食不及时的情况下，还能自己找些海藻、微虫抵御饥饿。

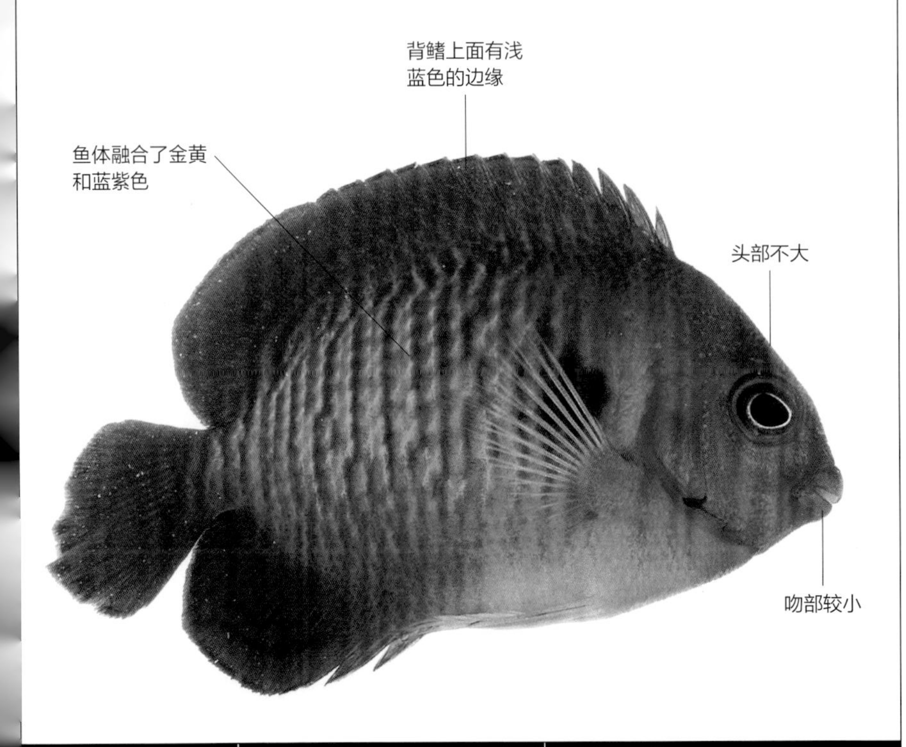

食性：杂食	**性情：**胆小	**鱼缸活动层次：**全部

科：盖刺鱼科
别称：火焰仙　　体长：10 厘米

火焰神仙鱼

火焰神仙鱼整体呈橘红色，像火焰一样美丽，是唯一具有鲜红色彩的盖刺鱼。除此之外，从鳃后面至尾柄以及部分尾鳍为金黄色，有若干条黑色的条纹垂直分布，背鳍和臀鳍的边缘部分有黑色的边线。火焰神仙鱼比较健壮，水族箱要带藏身地点及活石供其啃食，它会啃食珊瑚及软体动物。

➲ 分布区域：印度尼西亚、马绍尔群岛、瓦努阿图。

➲ 养鱼小贴士：不适于放入珊瑚缸；与温和的鱼混养时应该最后放入；不宜跟同类混养。

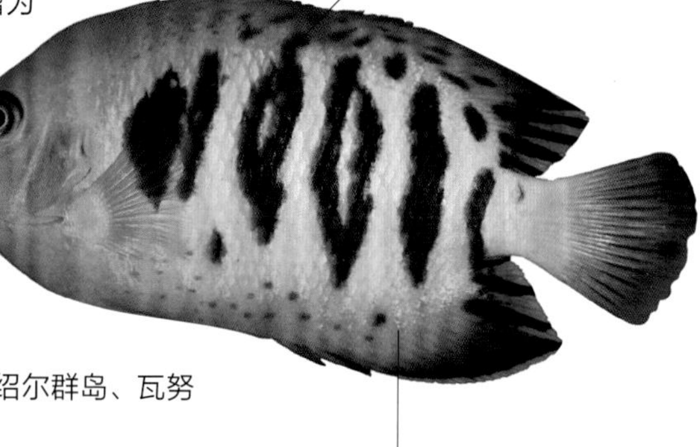

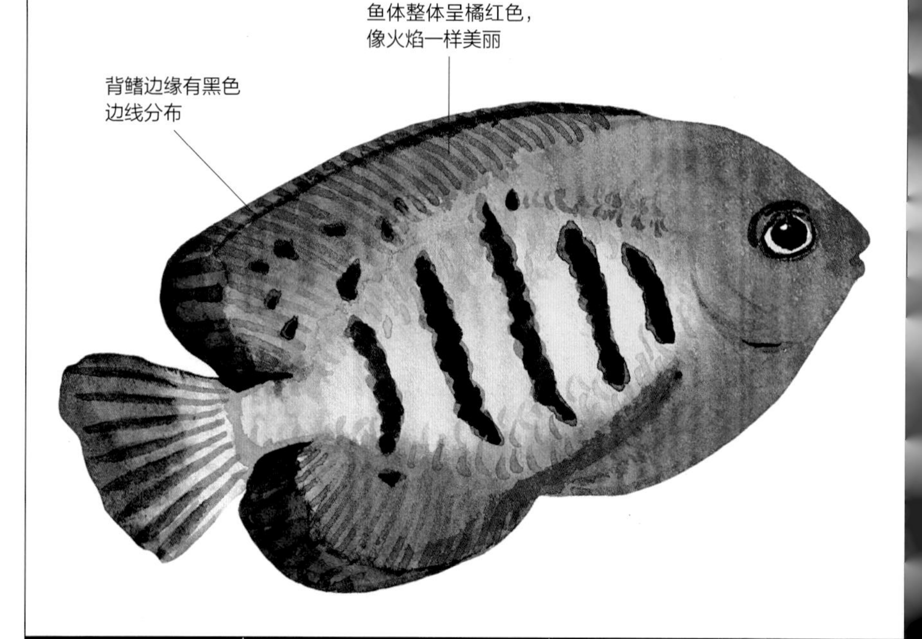

食性：杂食	性情：有领地观念	鱼缸活动层次：底层

科：盖刺鱼科
别称：金蝴蝶　　体长：22 厘米

蓝带神仙鱼

蓝带神仙鱼头部以及胸、腹、臀鳍为蓝黑色，鱼体中段为黄色带蓝色斑点，腹鳍和臀鳍环绕着鲜蓝色边线，鳃盖后方的圆形斑纹为黑色带深蓝色边线。幼鱼背部呈黑色，身体有黑色带蓝色水平条纹，尾鳍为黄色。

➲ 分布区域：印度太平洋地区的珊瑚礁。

➲ 养鱼小贴士：它喜欢吃珊瑚虫及软体动物，也爱吃微藻类、丝状藻类，饲养的时候应给予良好的环境和足够的空间。

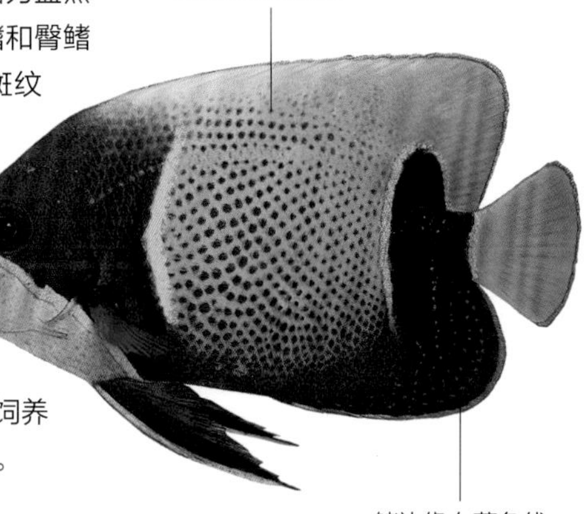

食性：杂食	性情：温和	鱼缸活动层次：中层和底层

科：盖刺鱼科
别称：条纹盖刺鱼　　**体长：**45 厘米

皇后神仙鱼

皇后神仙鱼体色分明，非常漂亮，幼鱼和成鱼鱼体边缘环绕着蓝色线条，形成鲜明的蓝色轮廓。鳃盖的后部及胸鳍的基部为鲜黄色，鳃盖有小刺保护，臀鳍和背鳍很长，延伸至尾鳍；它的鳞特别漂亮，错落有致，层层分布。

➲ 分布区域：大西洋西部，尤其是加勒比海域。

➲ 养鱼小贴士：饲养皇后神仙鱼需要标准的混合海水，饲养水温最好在 25℃。它们通常成对生活于珊瑚礁中。

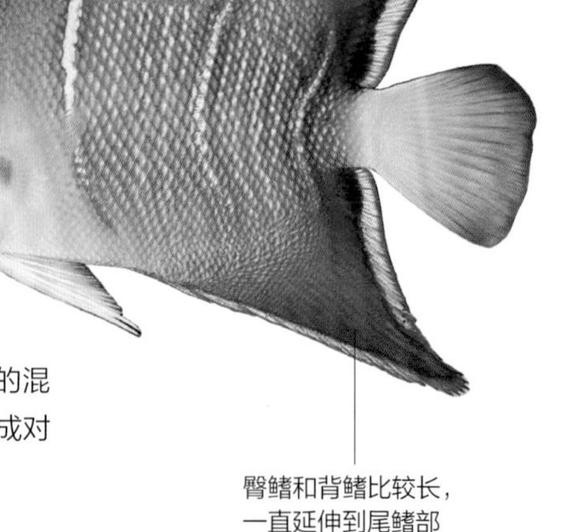

臀鳍和背鳍比较长，一直延伸到尾鳍部

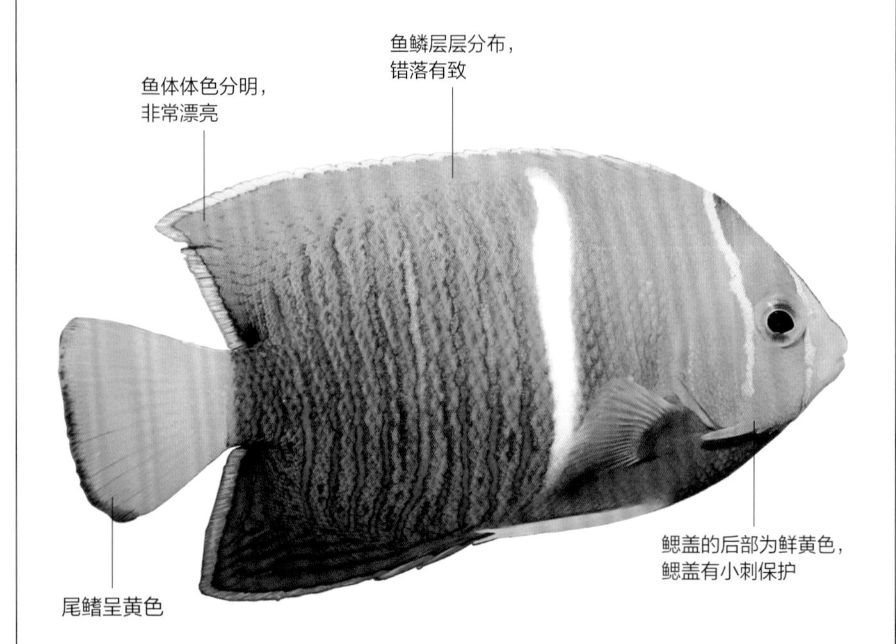

鱼鳞层层分布，错落有致

鱼体体色分明，非常漂亮

鳃盖的后部为鲜黄色，鳃盖有小刺保护

尾鳍呈黄色

食性：杂食	**性情：温和**	**鱼缸活动层次：中层和底层**

科：盖刺鱼科
别称：额斑刺蝶鱼　　体长：45 厘米

女王神仙鱼

女王神仙鱼体形呈椭圆且侧扁，有鲜明蓝色轮廓和数条鲜蓝色竖纹，全身密布呈网格状具蓝色边缘的珠状黄点，背鳍和臀鳍饰宝蓝色的边线，背鳍前有一蓝缘黑斑，鳃盖有蓝点，鳃盖后部及胸鳍基部为鲜黄色，眼睛周围蓝色，胸鳍基部有蓝色和黑色斑。吻部、胸部、胸鳍、腹鳍以及尾鳍为橙黄色。成鱼呈鲜黄色、绿色或金褐色，体表鳞片错落有致。

➲ 分布区域：大西洋西部海域，自美国佛罗里达经墨西哥湾到巴西、加勒比海。

➲ 养鱼小贴士：该鱼体色会因光线或相同种类的杂交而变异。

身上有网格状具蓝色边缘的珠状黄点

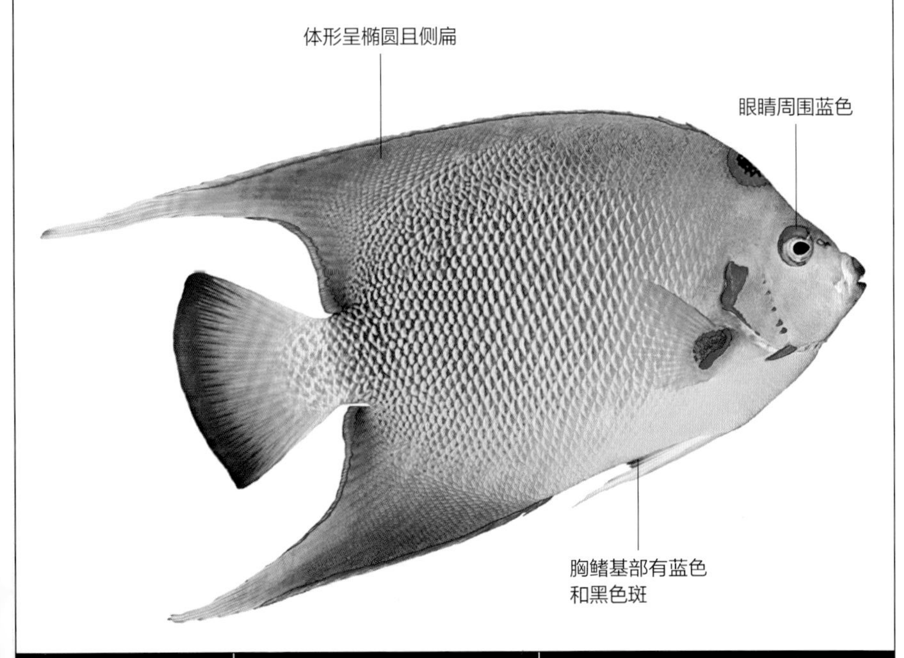

食性：杂食	性情：稍具攻击性	鱼缸活动层次：全部

科：盖刺鱼科
别称：无　　体长：25 厘米

三斑神仙鱼

鳍呈圆形

三斑神仙鱼大致形状呈椭圆形，整体颜色是鲜黄色，它最明显的特征就是身上有三块黑色斑点，分别分布在前额和两个鳃盖，这三个斑点的面积都不大，像点在鱼体上的黑痣。另外，在臀鳍边还有一块斜着的黑色块，在臀鳍靠近鱼体的地方也是黄色，但是要比鲜黄色淡。

➲ 分布区域：东非和菲律宾的珊瑚礁中。

➲ 养鱼小贴士：需要喂食多种食物，而且三斑神仙鱼对水质要求比较苛刻。

食性：杂食	性情：有领地观念	鱼缸活动层次：底层

科：棘蝶鱼科
别称：白尾蓝纹　　体长：40 厘米

环纹刺盖鱼

环纹刺盖鱼最鲜明的特点就是鱼体上有若干条闪亮的蓝色条纹，在它的鳃盖上方还有一条蓝色的环。其幼鱼和成鱼的体色斑纹完全不同，幼鱼为深蓝色，成鱼上方有蓝圈，鱼体有 5 ~ 7 条蓝色弧纹，尾鳍是白色的，边缘有浅黄色线条。

➲ 分布区域：斯里兰卡到太平洋中的所罗门群岛。

➲ 养鱼小贴士：饲养的水族箱要有藏身地方及活石，可在里面放置青苔。环纹刺盖鱼有领地观念，一般一缸放一条。

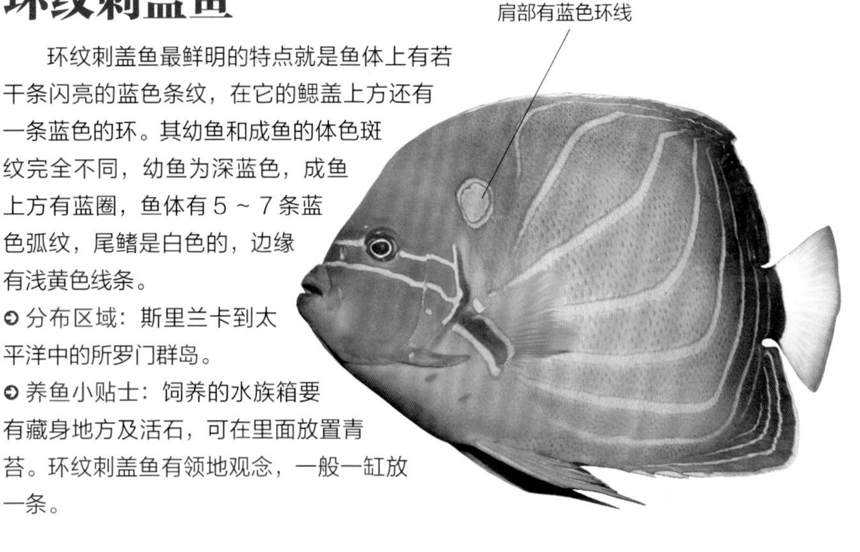

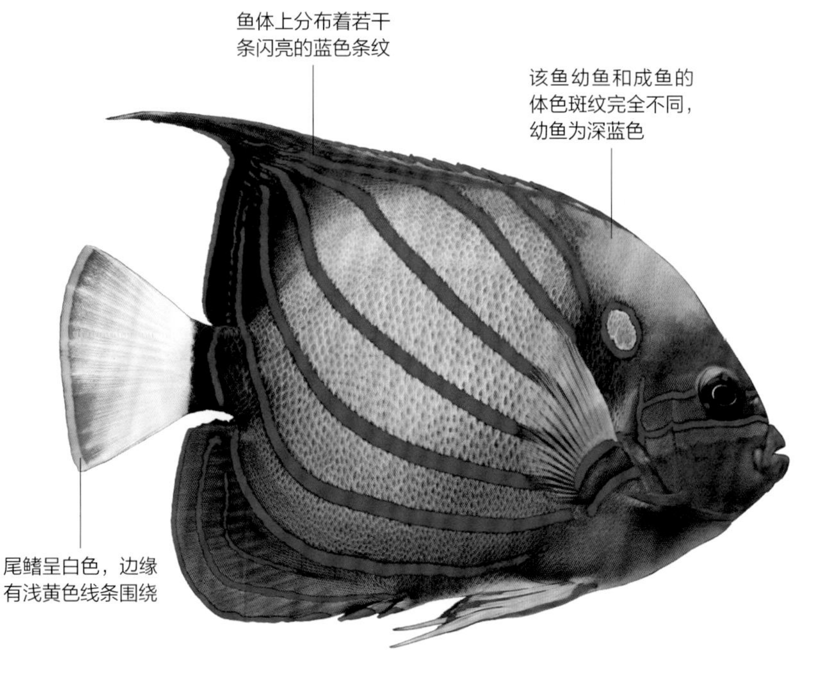

食性：草食	性情：有领地观念	鱼缸活动层次：底层

科：棘蝶鱼科
别称：紫月、蓝月神话　　体长：40 厘米

半月神仙鱼

半月神仙鱼得名于鱼体上特有的半月形斑纹，幼鱼时期身上有蓝白斑纹，随着鱼体长大，白色的斑纹逐渐消退，就形成了半月斑纹。半月神仙鱼的额头微微隆起，胸鳍无色，比较小，在繁殖期，雌鱼会因有卵在身而显得比较臃肿。

➲ 分布区域：红海、西印度洋的珊瑚礁中。

➲ 养鱼小贴士：有领地观念，在饲养的时候应给予良好的水质环境。它以藻类、海绵和珊瑚为主食，可在水族箱悬挂藻类，让它啄食。

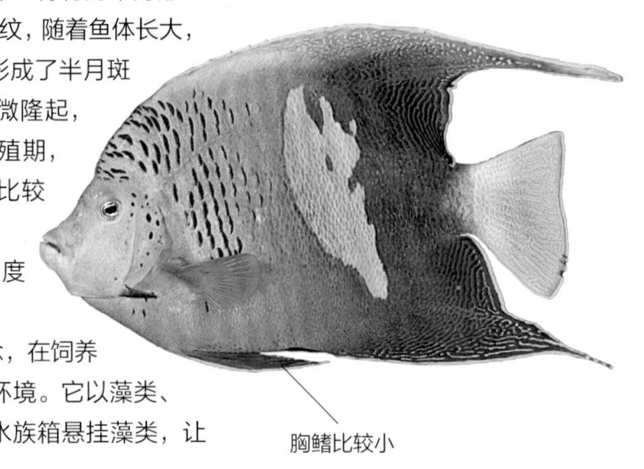

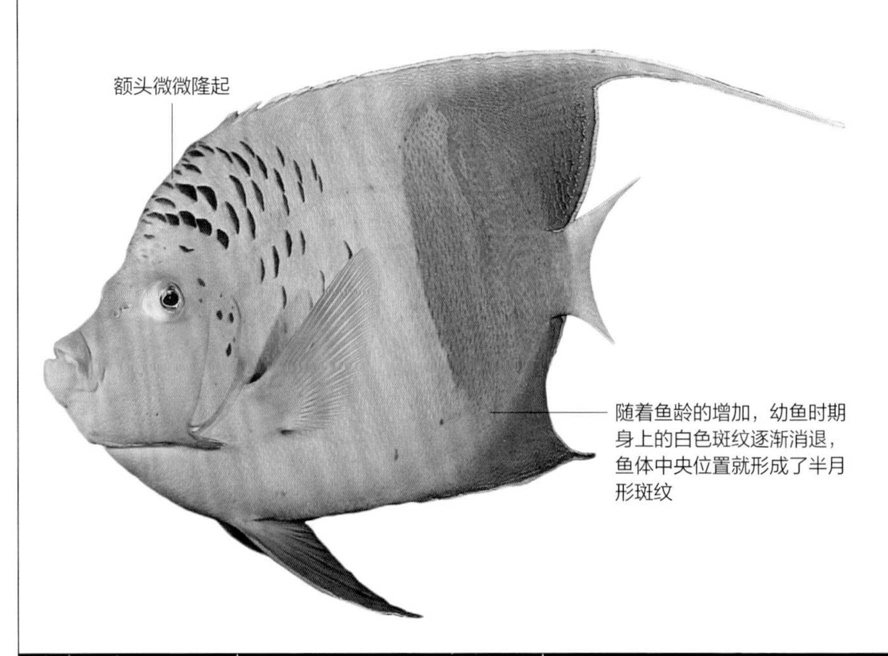

食性：杂食	性情：有领地观念	鱼缸活动层次：底层

科：蝴蝶鱼科
别称：甲尻鱼　　体长：30 厘米

皇帝神仙鱼

皇帝神仙鱼鱼体呈椭圆形，幼鱼时期体色呈深蓝色,白色的条纹环绕着整个鱼体，整体看起来鲜明漂亮；成鱼的鱼体颜色为褐色，鱼体上有很多条浅黄色的条纹，这些条纹从上延伸至尾鳍以上，当皇帝神仙鱼发情时，这些条纹会变成斑点。皇帝神仙鱼的胸部呈灰色，胸鳍、腹鳍为黄色，尾鳍全部为黄色。

➲ 分布区域：印度洋、太平洋的珊瑚礁海域。

➲ 养鱼小贴士：饲养时如果给予合适的水质条件，可以长得很大，因此需要大的水族箱。

成鱼鱼体呈褐色，分布着很多条浅黄色的条纹

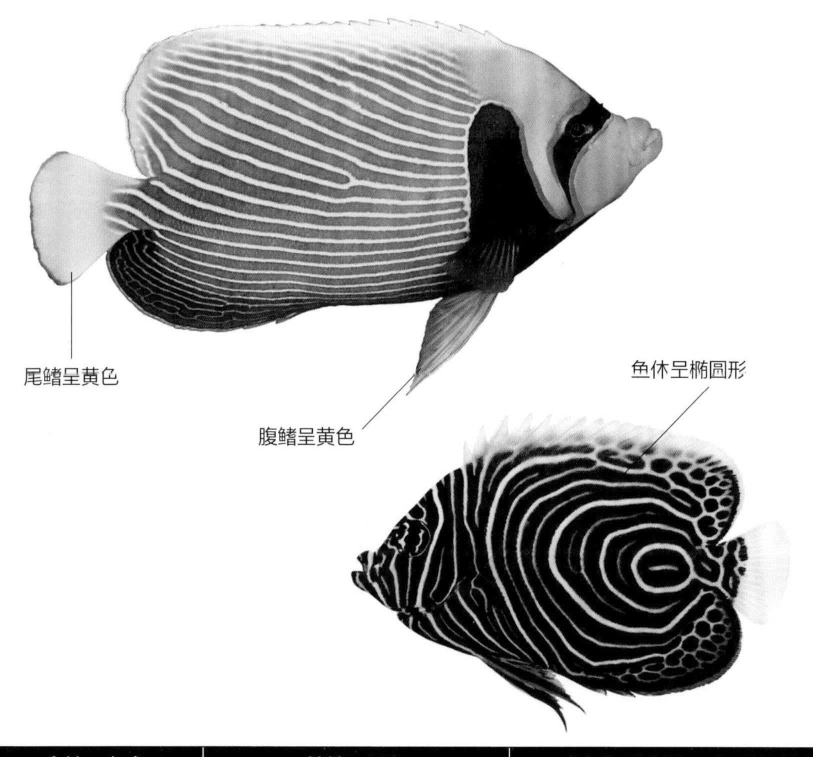

食性：杂食	性情：温和	鱼缸活动层次：中层和底层

科：棘蝶鱼科
别称：法仙　　体长：30 厘米

法国神仙鱼

法国神仙鱼鱼体呈卵圆形，颜色是灰黑色，鱼体表面分布着很多的黄色圆点，嘴部呈鲜黄色。幼鱼黑色的鱼体上，有四五条明显的黄色垂直条纹，随着鱼的成长，黄色条纹褪去，鱼体转为深灰色，长大后，体表的黄色环带会自行消失。正常情况下，法国神仙鱼总是成双成对的出现，只要对方还活着，它们都会一直在一起。和鸳鸯一样，被视为忠贞动物。

➲ 分布区域：加勒比海及太平洋的珊瑚礁海域。

➲ 养鱼小贴士：主要喂食冰冻的鱼虾蟹肉、贝肉、海水鱼颗粒状饲料等。

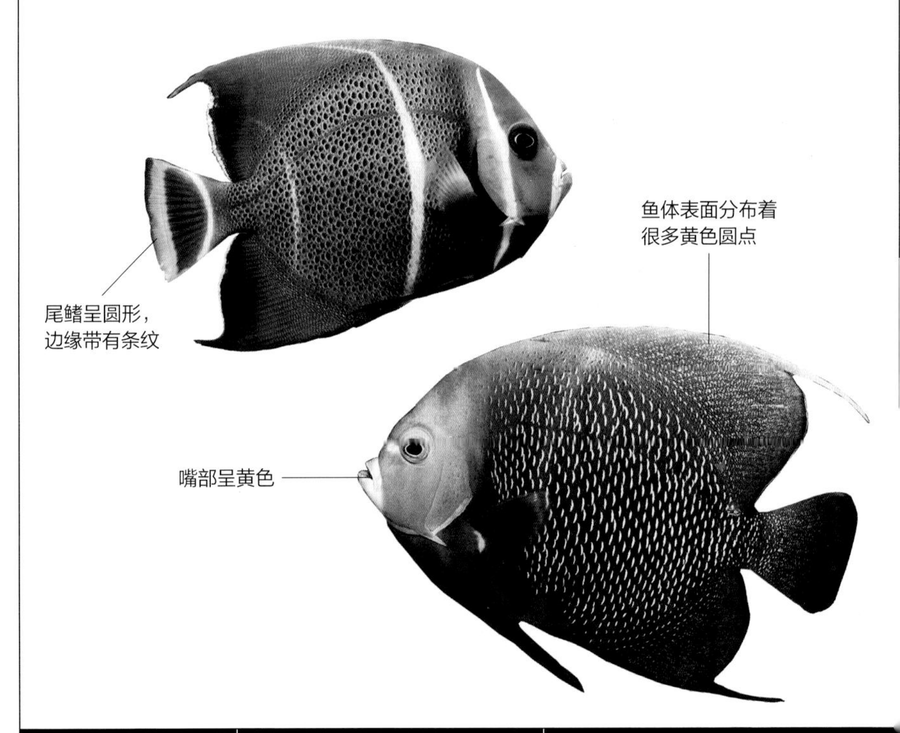

食性：杂食	性情：温和	鱼缸活动层次：中层和底层

科：棘蝶鱼科
别称：金蝴蝶、蓝纹神仙鱼　　体长：40 厘米

可兰神仙鱼

可兰神仙鱼的鱼体整体颜色为棕色偏黑，鱼体上白色的条纹和蓝紫色的条纹交错分布，连头部也分布着，这些条纹呈半圆形。成鱼尾鳍上的图案和阿拉伯字母相像，这是它名字的由来。

➲ 分布区域：东非海域、红海以及日本的珊瑚礁海域。

➲ 养鱼小贴士：可兰神仙鱼总体上很漂亮，观赏性较强，在饲养时，应注意给予它足够的游动空间，适合在较大的水族箱中饲养，还需要设置供其躲避的物体。

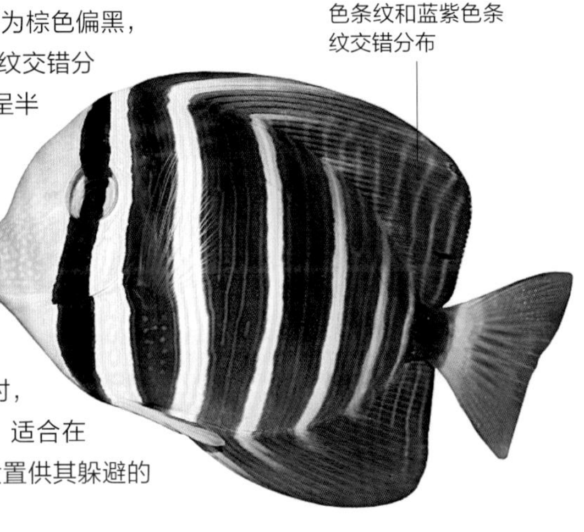

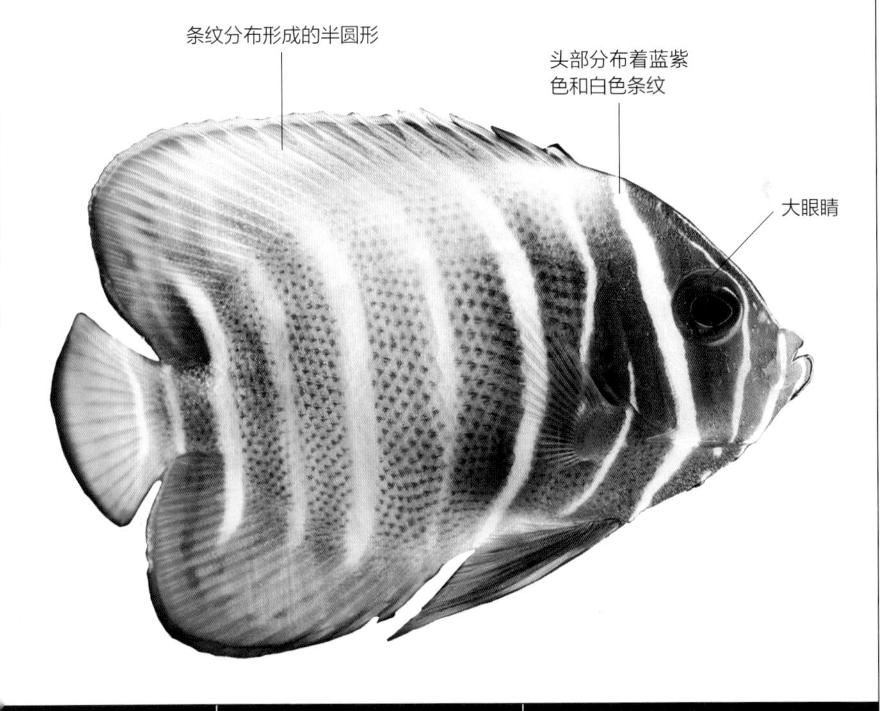

食性：杂食	性情：温和	鱼缸活动层次：中层和底层

科：棘蝶鱼科
别称：皇帝神仙鱼、毛巾鱼　　体长：25 厘米

帝王神仙鱼

帝王神仙鱼整体的颜色十分绚丽，嘴部呈鲜黄色，尾鳍也呈鲜黄色，幼鱼鱼体上有四五条白色斑纹纵穿鱼体，这些白色斑纹的边缘被黑色条纹环绕着，颜色十分分明。随着帝王神仙鱼的长大，鱼体上的白色斑纹更多，大概可达十条，背鳍后面是深蓝色。

➲ 分布区域：印度洋、太平洋地区的珊瑚礁中。

➲ 养鱼小贴士：帝王神仙鱼的观赏性很高，会吃野生的寄生虫，也吃小虾、河蚌等，太大的帝王神仙鱼在水族箱里饲养起来会比较难。

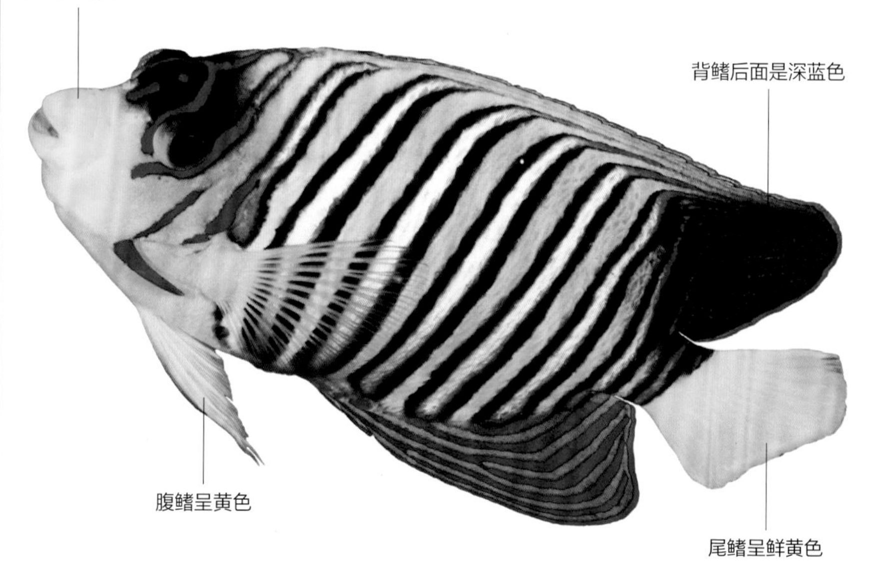

食性：杂食	性情：温和	鱼缸活动层次：中层和底层

科：石鲈科

别称：燕子花旦、圆点花纹石鲈鱼、朱古力　　**体长：**45 厘米

小丑石鲈鱼

小丑石鲈鱼的体色随着鱼的生长而变化，幼鱼为褐色，并分布着大面积的白色斑点；成鱼为偏白色，鱼体上也分布着斑点。背鳍前面有刺条。

➲ 分布区域：东印度洋到太平洋中部的礁石中。

➲ 养鱼小贴士：小丑石鲈鱼会吃小的甲壳类动物、蠕虫及海蜗牛，生长迅速，需要足够的游动空间及充足的藏身地点。因此，饲养的时候应给予它足够的游动空间和合适的水质。

背鳍前部有刺条

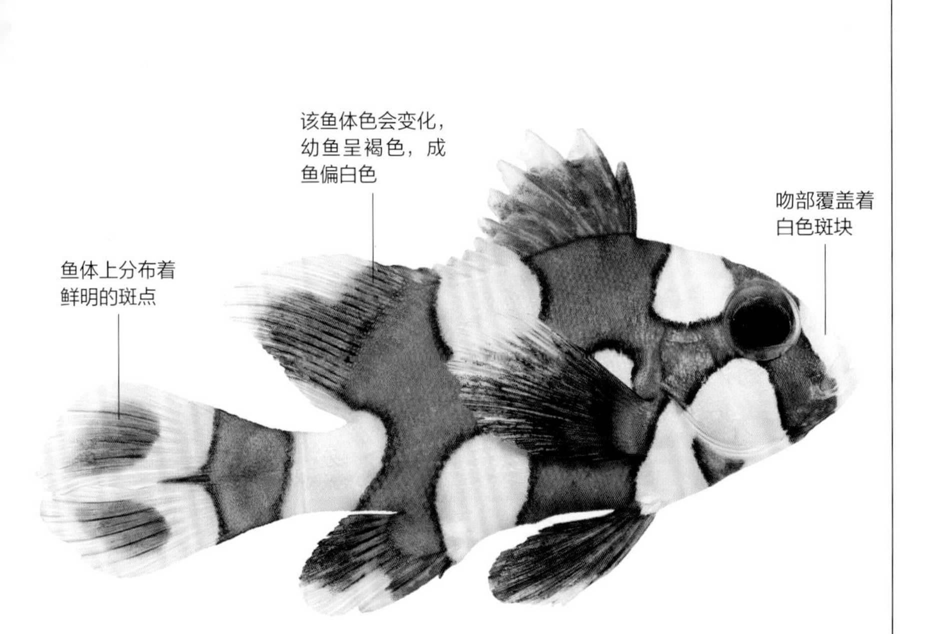

食性：杂食	性情：胆小	鱼缸活动层次：中层和底层

科：蝴蝶鱼科
别称：人字蝶、白刺蝶　　**体长：**20 厘米

丝蝴蝶鱼

丝蝴蝶鱼的鱼体大致呈椭圆形，吻部尖而凸出，头部上方轮廓略呈弧形，前鳃盖缘有细锯齿，鳃盖膜与峡部相连，体侧有许多斜线排列分布，腹鳍及胸鳍呈淡色，背鳍带刺向上隆起，背鳍末端有一条细细的丝状的延伸物，尾鳍呈黄色。丝蝴蝶鱼以小型无脊椎动物、珊瑚虫、海葵及藻类碎片为食。

➲ 分布区域：印度洋、太平洋海域的珊瑚礁中。

➲ 养鱼小贴士：对水质要求高，水体要时刻保持清洁，否则会使鱼的体质急剧下降。

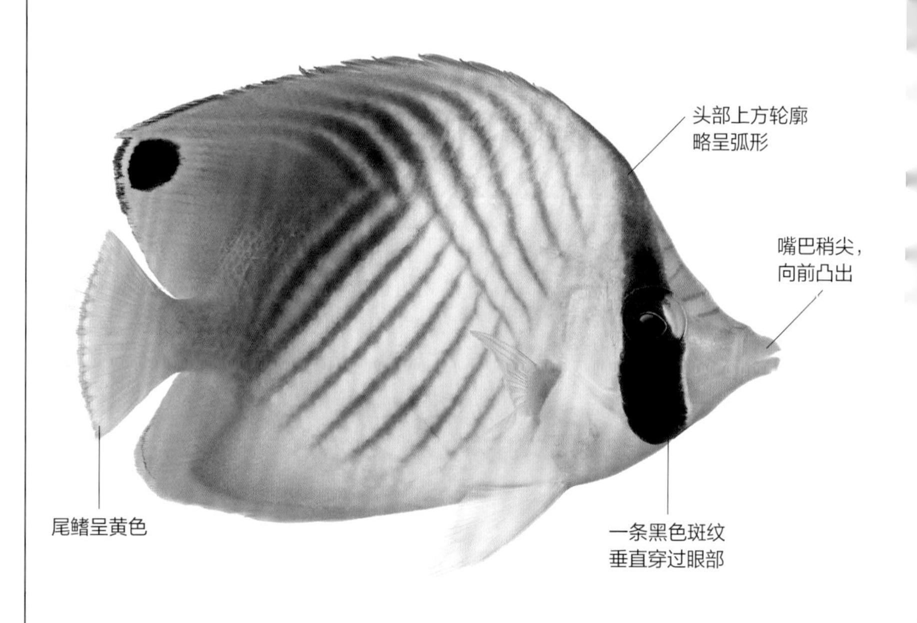

食性：杂食	性情：温和	鱼缸活动层次：中层和底层

科：蝴蝶鱼科
别称：月眉蝶　　体长：20 厘米

浣熊蝴蝶鱼

浣熊蝴蝶鱼整体呈暗黄色，吻部尖而向外凸出，额头上方有一块类似浣熊皮毛状的斑纹穿过，在这块斑纹之上，有一条白色的斑纹紧挨着，浣熊蝴蝶鱼因此而得名。浣熊蝴蝶鱼还有一个明显的特征就是鱼体上有很多条深色斜纹穿过，这些斜线从腹鳍处向上穿过鱼体，背鳍和臀鳍前有明显的刺，尾鳍边缘有黑色斑块。

➲ 分布区域：从东非到澳大利亚的浅水水域中。

➲ 养鱼小贴士：喂养时要投喂均匀，不要有残饵，以免污染水质。刺尾鱼科的鱼和蝴蝶鱼科的鱼可以一起养。

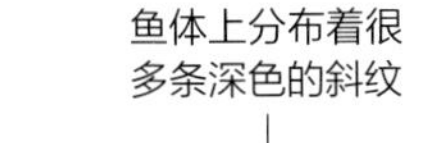

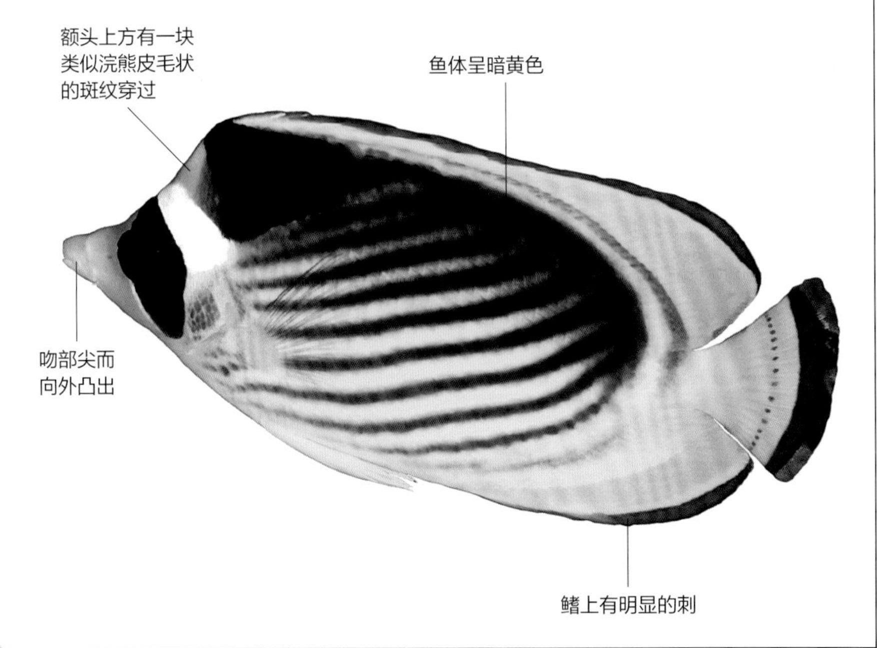

食性：肉食	性情：温和	鱼缸活动层次：中层和底层

科：蝴蝶鱼科
别称：无　　体长：15 厘米

黑鳍蝴蝶鱼

黑鳍蝴蝶鱼的鱼体呈卵圆形，体侧有 13 条以上斜向上方的暗色条纹，头部不大，吻短小，稍微向前凸出，呈黑色，尾鳍、背鳍、臀鳍都呈黑色，边缘部分有白色环绕着，背鳍和臀鳍都有硬棘分布。黑鳍蝴蝶鱼是比较常见的品种，饲养难度不大。

➲ 分布区域：西印度洋地区。

➲ 养鱼小贴士：此鱼比较容易饲养，适宜初学者，喂食一般的动物性饵料即可。

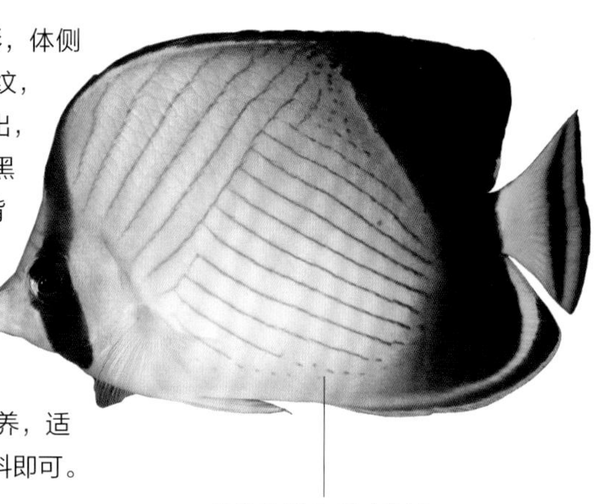

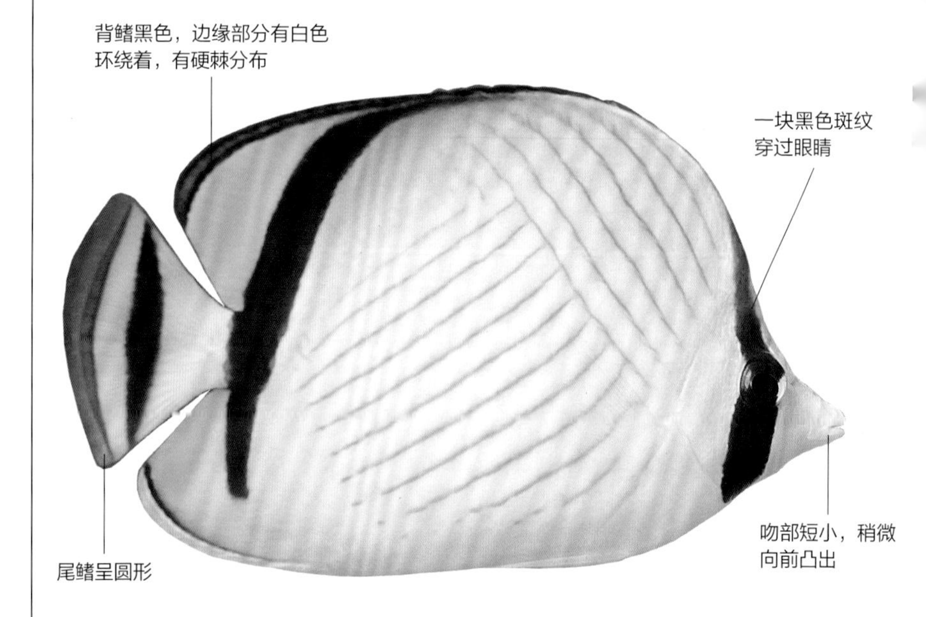

食性：肉食	性情：温和	鱼缸活动层次：中层和底层

科：蝴蝶鱼科
别称：一点蝴蝶鱼、单斑蝴蝶鱼　　体长：20 厘米

泪珠蝴蝶鱼

泪珠蝴蝶鱼鱼体呈黄色，其中从眼睛到侧腹的颜色比较浅，其他部位相对来说比较深。在鱼体中央偏上方位置有一块面积不大的黑色斑块，这块黑斑恰好呈圆形，像泪珠一样，泪珠蝴蝶鱼因此得名。另外，泪珠蝴蝶鱼的眼部有一条黑色线条穿过，在尾柄处，也有一条黑色线条穿过。泪珠蝴蝶鱼整体观赏性较高。

整体比较漂亮，观赏性较高

➲ 分布区域：红海到夏威夷的各地区海域。

➲ 养鱼小贴士：泪珠蝴蝶鱼饲养起来并不难，需要喂食足够的活虫类饵料。

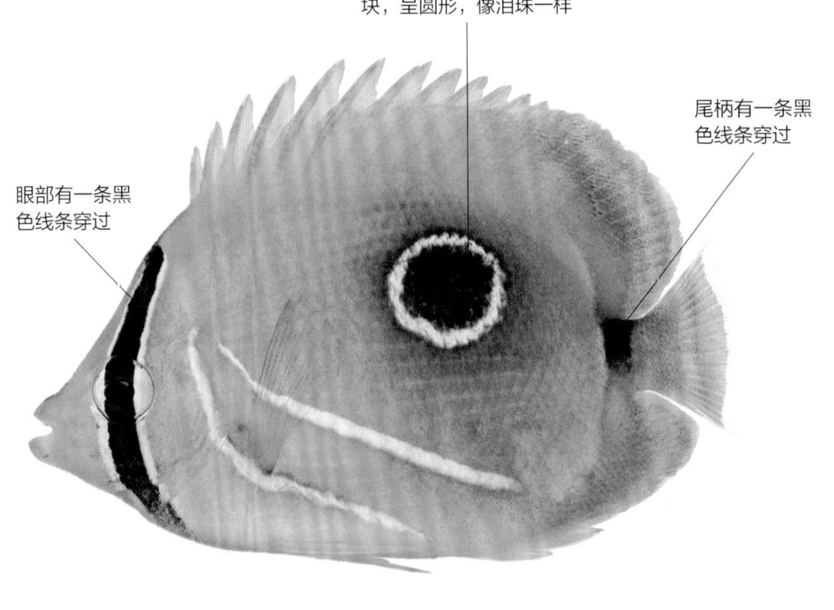

食性：肉食	性情：温和	鱼缸活动层次：中层和底层

科：蝴蝶鱼科
别称：三间火箭　　体长：18 厘米

铜带蝴蝶鱼

铜带蝴蝶鱼鱼体以白色和橘黄色为主，吻部尖细，向前凸出，鱼体上有四条橘黄色的条纹垂直分布，其中一条橘黄色的条纹穿过眼部，还有一条穿过背鳍和臀鳍后部，另两条大致穿过鱼体中央部位。铜带蝴蝶鱼的臀鳍侧部还有一个黑眼球斑纹，这是用来伪装保护自身的。

➲ 分布区域：印度洋、太平洋地区的浅海域。

➲ 养鱼小贴士：铜带蝴蝶鱼饲养时应喂食足够的虫饵，但要量少并多次喂食，可以与小型刺尾鱼混养。

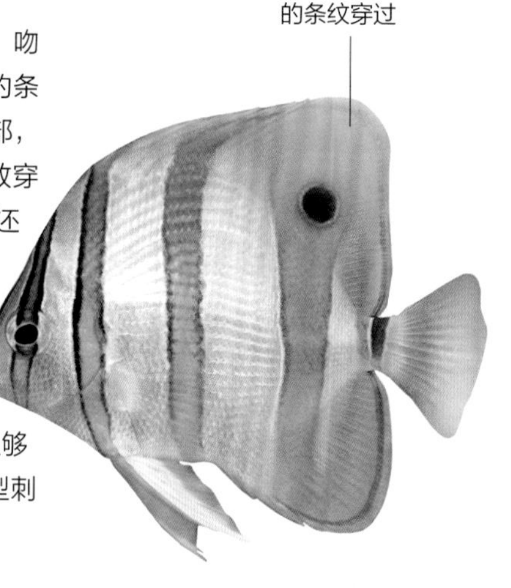

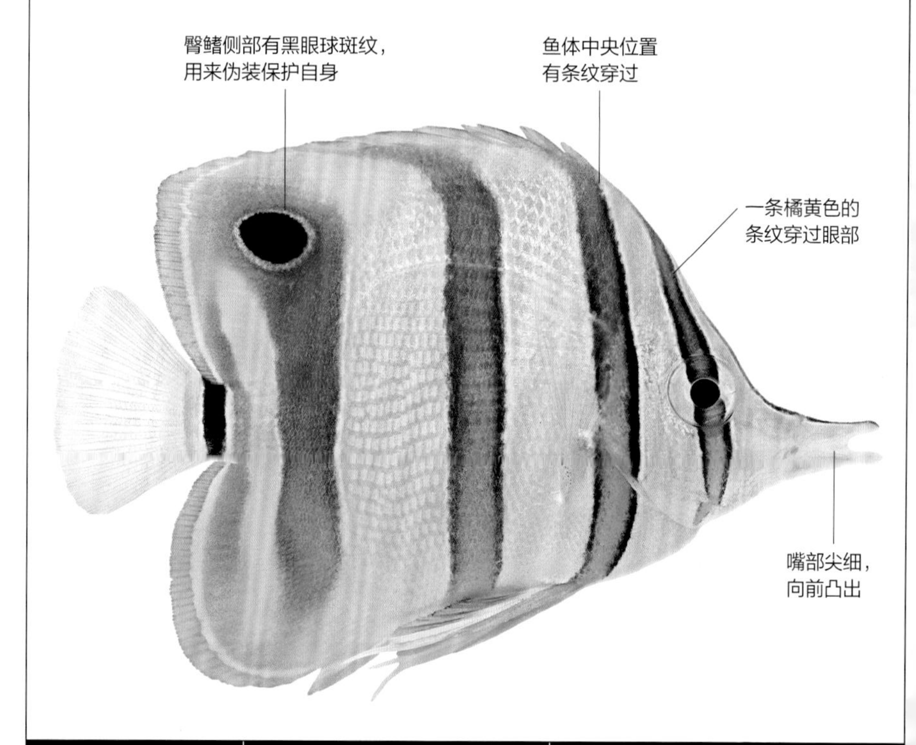

食性：肉食	性情：好争斗	鱼缸活动层次：中层和底层

科：蝴蝶鱼科
别称：无　　体长：25 厘米

镊口鱼

镊口鱼鱼体侧扁，吻部尖细，向外凸出延伸呈管状，这样的吻部构造有助于镊口鱼摄食，鱼体大致从鳃盖向前为黑色，眼睛下方为乳白色，尾鳍也为白色，臀鳍的后缘为浅蓝色，背鳍硬棘 10 ~ 11 枚，背鳍软条 24 ~ 28 枚，臀鳍上有一黑色斑点，面积不大，和铜带蝴蝶鱼的假眼球斑点很相似。

➲ 分布区域：中国的西沙群岛、南沙群岛、台湾南部，以及印度洋、太平洋等地区。

➲ 养鱼小贴士：此类鱼对水质要求高，可喂食藻类、软珊瑚、水蚯蚓、颗粒饲料等。

鳃盖向前为黑色

吻部又尖又长，向外凸出延伸呈管状，方便摄食

尾鳍呈白色

鱼体侧扁

食性：肉食	性情：温和	鱼缸活动层次：中层和底层

科：雀鲷科
别称：无　　体长：18 厘米

中士少校

中士少校鱼体侧高，主要呈黄色和白色，最明显的特征就是它身上有五条垂直穿过鱼体的黑色条纹。中士少校的鳞层层分布，错落有致。

➲ 分布区域：印度洋、太平洋以及加勒比地区。

➲ 养鱼小贴士：中士少校在产卵期会各自占据领地，所以不要多条同时饲养。

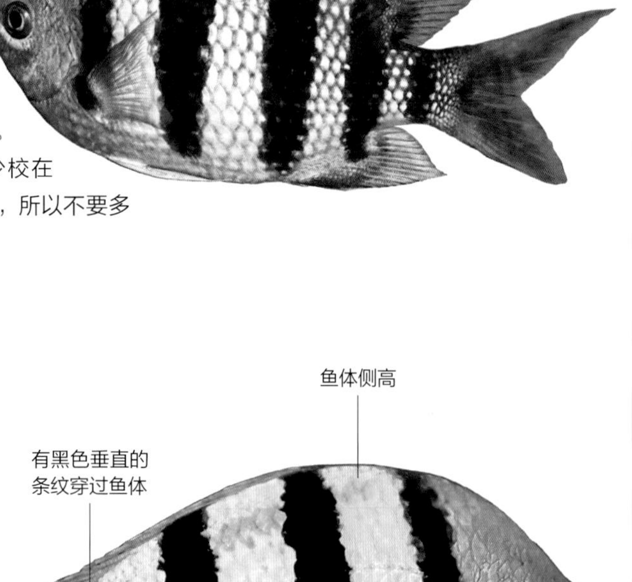

鱼体侧高

有黑色垂直的
条纹穿过鱼体

主要颜色是
黄色和白色

食性：杂食	性情：温和，喜群集	鱼缸活动层次：上层和中层

科：雀鲷科
别称：兰雀鲷　　体长：5 厘米

蓝雀鲷

蓝雀鲷全身的颜色以蓝色为主，背部的轮廓看起来比较圆润，颜色最亮的是鱼体中央的位置，向两边颜色逐渐变淡，尾鳍边缘有黑色线条环绕，鳍边透明，形状呈深叉形，鱼体上密布着黑色斑点。蓝雀鲷可吃浮游生物，喜欢群集，饲养的时候，主要游动在鱼缸的底层。

➲ 分布区域：大西洋西部热带地区。

➲ 养鱼小贴士：可喂食大部分鱼饵。

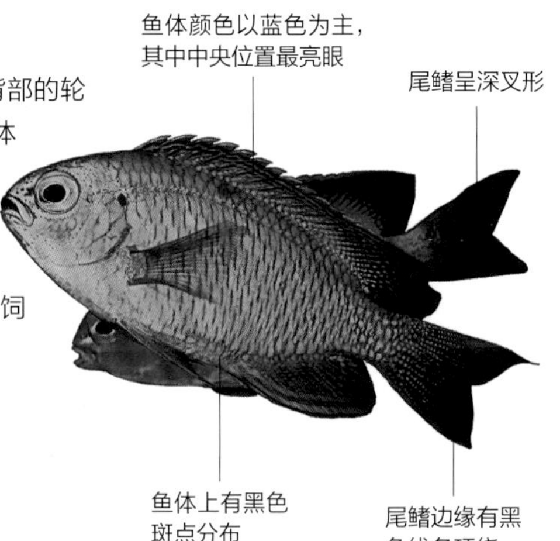

食性：杂食	性情：温和，喜群集	鱼缸活动层次：底层

科：海龙科　　别称：双端海龙　　体长：30 厘米

角海龙

角海龙体长中等，主要颜色是绿色，像一条绿色的长丝带，它的吻部因较长而显得比较尖，腹部颜色稍微浅一些，没有腹鳍、臀鳍、尾鳍，主要是尾巴在支撑着身体。角海龙又叫双端海龙，主要活跃在鱼缸的底层。

➲ 分布区域：西非至太平洋西部海岸的浅水区。

➲ 养鱼小贴士：角海龙虽然吃肉，但是不爱争斗，可以混养。

该鱼没有腹鳍、臀鳍、尾鳍

主要依靠尾巴支撑鱼体

腹部颜色稍微浅一些

鱼体主要颜色是绿色，像一条绿色的长丝带

吻部又尖又长

食性：肉食	性情：温和	鱼缸活动层次：底层

科： 雀鲷科

别称： 黑尾圆雀鲷、四间雀　　**体长：** 8 厘米

黑尾宅泥鱼

鱼体上有鲜明的黑色条纹

黑尾宅泥鱼鱼体呈圆形，侧扁，吻部短而钝圆，外形与伪装鱼很相像，体色黑白分明，以白色为底，身上有三道黑色斑纹纵穿鱼体，其中一条穿过眼部，另一条盖过胸鳍穿过鱼体中央位置，还有一条黑色斑纹延伸至背鳍，尾巴上有一块很明显的黑色斑块，尾鳍略凹，但不呈叉形。

➲ 分布区域：太平洋西部地区。

➲ 养鱼小贴士：黑尾宅泥鱼和同科的其他鱼相同，野生鱼离不开珊瑚，在饲养的时候应在水族箱布置躲避处。

食性：肉食	性情：温和	鱼缸活动层次：全部

科：雀鲷科
别称：无　　体长：13 厘米

骨牌雀鲷

骨牌雀鲷鱼体呈黑色，幼鱼鱼体上有三个比较明显的白色斑块，分别位于背鳍下方的鱼体两侧和前额的中央位置，骨牌雀鲷从外形上来看，就像骨牌状。随着骨牌雀鲷慢慢长大，白色斑块会变小，鱼鳞呈网状分布，错落有致。

- 分布区域：印度洋、太平洋地区及红海。
- 养鱼小贴士：骨牌雀鲷容易饲养，初学者一般很适合饲养它，水族箱内应有足够的岩石躲避处。

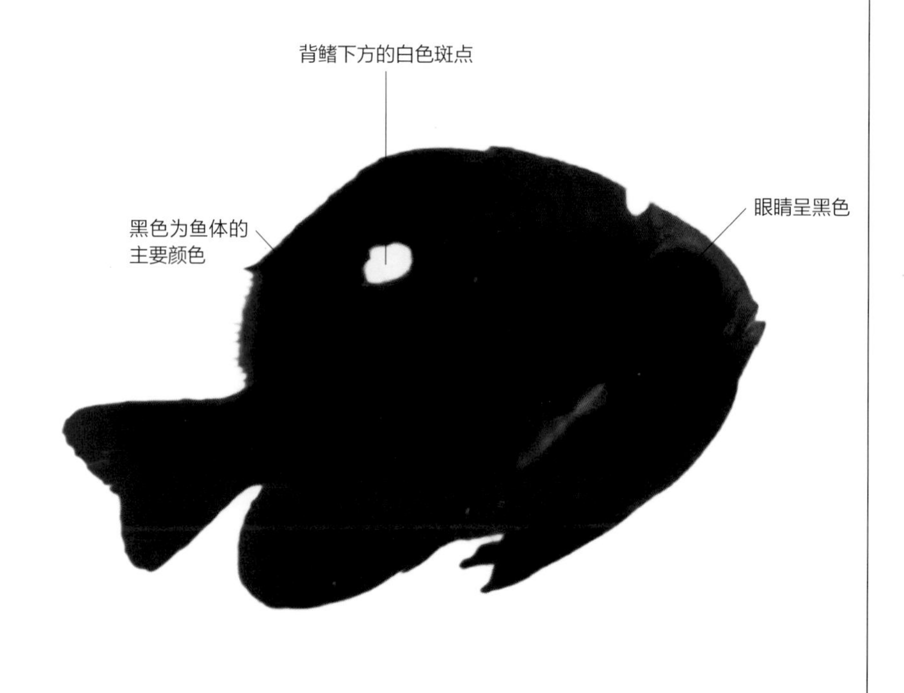

食性：杂食	性情：温和	鱼缸活动层次：中层和底层

科：雀鲷科

别称：宝石雀鲷　　体长：20 厘米

宝石鱼

宝石鱼整体非常漂亮，幼鱼体色为深蓝色和黑色，鱼体上分布着蓝色斑点，这些斑点点缀在鱼体上，十分美观，像宝石一样。随着宝石鱼慢慢长大，这些蓝色斑点会逐渐褪去。宝石鱼的背鳍、臀鳍、胸鳍都是黑色，尾鳍则呈淡黄色偏无色。宝石鱼观赏性较强，深受人们的喜爱。

➲ 分布区域：加勒比海、大西洋西部。

➲ 养鱼小贴士：饲养的时候宜在水族箱内布置火红珊瑚供宝石鱼躲避隐藏。

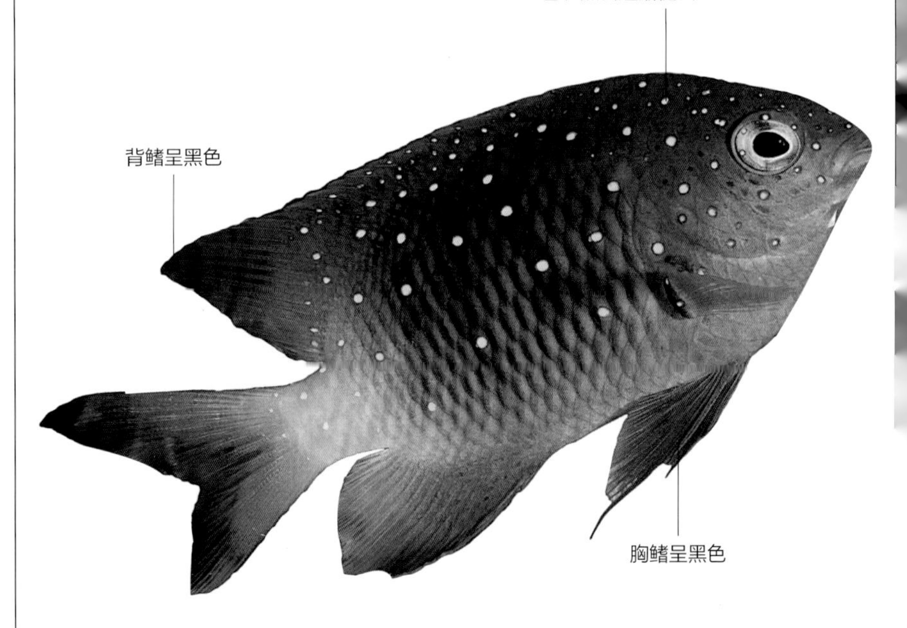

食性：杂食	性情：温和	鱼缸活动层次：底层

科：雀鲷科
别称：无　　体长：10 厘米

爱伦氏雀鲷

爱伦氏雀鲷的鱼体修长，主要颜色是蓝色，除此之外，还有绿色和暗紫色，鳍棘有十多个，鱼鳞层层分布着，错落有致。爱伦氏雀鲷的名字来源于鱼类学家爱伦博士的名字，属杂食性鱼种。

鱼鳞层层分布，
错落有致

➲ 分布区域：印度洋、太平洋地区，尤其是泰国的西米利兰群岛。

➲ 养鱼小贴士：对水质的要求很高，要时刻保持水质清洁，因此需要良好的水循环系统。

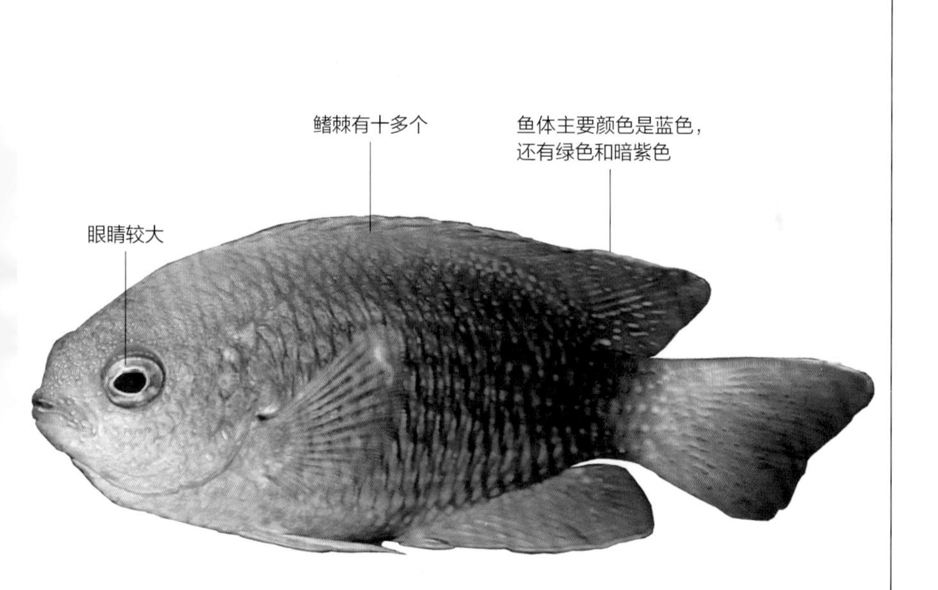

食性：杂食	性情：有领地观念	鱼缸活动层次：全部

科：雀鲷科
别称：无　　体长：10 厘米

蓝魔鬼

鱼体主要颜色是宝蓝色

蓝魔鬼的鱼体比较修长，体色呈宝蓝色，眼睛处有一条短短的黑色线条穿过，头部泛着不明显的若干黑点，后面也有一块黑色斑点，随着蓝魔鬼逐渐长大，黑色斑点可能会变淡。另外，蓝魔鬼鱼体上还分布着很多白色小点和不规则的黄色，使蓝魔鬼看起来更加剔透美丽，蓝魔鬼的尾鳍是无色的。

➲ 分布区域：中国南海和太平洋的珊瑚礁水域。

➲ 养鱼小贴士：此类鱼适宜饲养在有五彩珊瑚等无脊椎动物的水族箱中。

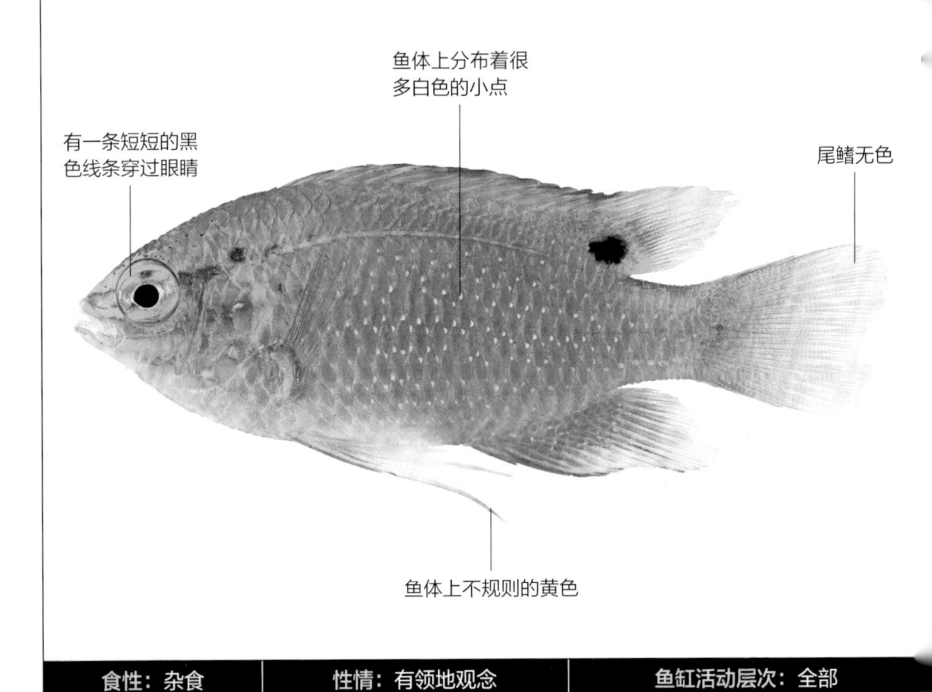

食性：杂食	性情：有领地观念	鱼缸活动层次：全部

科：镰鱼科
别称：镰鱼　　体长：25 厘米

角镰鱼

角镰鱼的鱼体侧扁，主要颜色由黑色、白色、黄色组成，眼前缘至胸鳍基部后有一条宽的黑色斑带，吻部特别小，吻凸出，吻部上方有一个三角形斑块，眼睛上方有两条白色条纹，背鳍硬棘延长如丝状，腹鳍及尾鳍呈黑色，边缘部分由白色包围。

➲ 分布区域：印度洋、太平洋地区的珊瑚礁中。

➲ 养鱼小贴士：角镰鱼以吃藻类或小型无脊椎动物为主，饲养的时候应提供合适的水质环境。

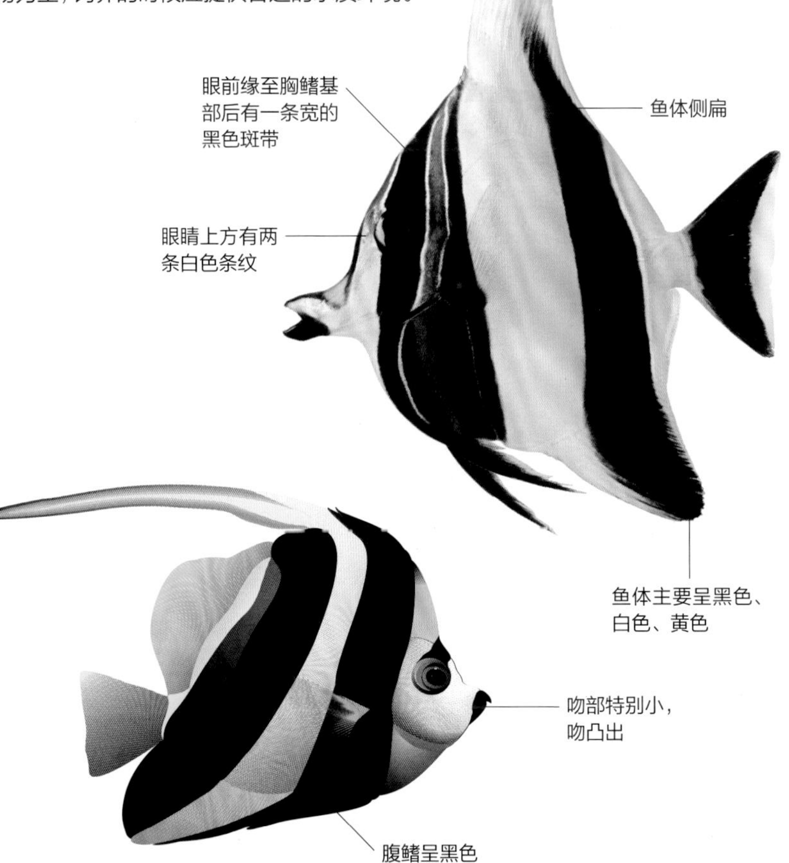

食性：杂食	性情：好争斗	鱼缸活动层次：中层和底层

科：刺尾鲷科
别称：无　　体长：20 厘米

金边刺尾鲷

金边刺尾鲷的鱼体呈椭圆形，额头呈陡斜状，眼睛比较大，吻部圆钝，嘴稍微向前凸出，距离眼睛较远，在眼睛和吻之间还有一块白色斑纹。金边刺尾鲷鳍的两旁有两条金黄色的线条围绕着鱼体，在尾柄处收聚呈刀柄状，尾鳍呈白色。

➲ 分布区域：印度洋地区、东印度群岛的珊瑚礁地区以及美国的西部海岸。

➲ 养鱼小贴士：金边刺尾鲷可以采食青苔，所以需要足够的游动空间和茂盛的青苔。

陡斜的额头

食性：草食	性情：温和	鱼缸活动层次：全部

科：刺尾鲷科
别称：粉蓝倒吊　　体长：25 厘米

粉蓝刺尾鲷

粉蓝刺尾鲷鱼体比较长，颜色比较明艳，特别是它的背鳍呈明亮的黄色。另外，粉蓝刺尾鲷的头部基本上呈黑色或灰色，伴有小块的白色，臀鳍部分也是白色。粉蓝刺尾鲷性情温和，比较活跃。

背鳍呈黄色

➲ 分布区域：印度洋、太平洋地区。

➲ 养鱼小贴士：对水质要求较高，水质变坏会损害鱼体健康，饲养时需要为它提供足够的游动空间和足够的青苔。

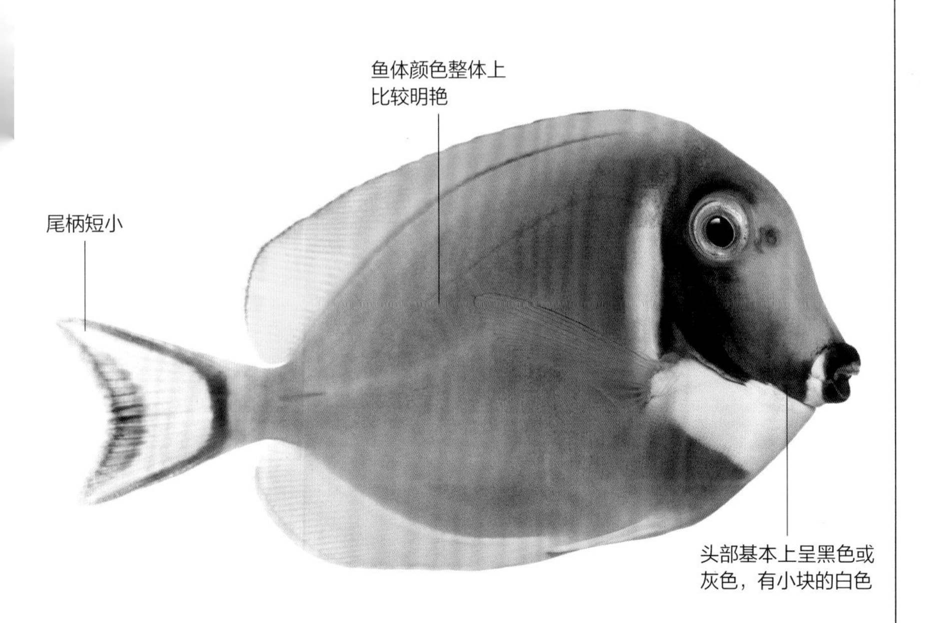

食性：草食	性情：温和	鱼缸活动层次：全部

科：刺尾鲷科
别称：平头独角鱼、口红刺尾鲷　　体长：20 厘米

日本刺尾鲷

日本刺尾鲷的鱼体整体呈浅棕色，线条特别流畅，侧扁，呈圆盘状，嘴小，向前稍微凸出，鱼嘴呈橘色，就像人们涂抹了口红一样，因此日本刺尾鲷又被称为口红刺尾鲷。日本刺尾鲷的背鳍与臀鳍为黑色镶淡蓝色细边，胸鳍基部黄色；尾柄黄色，两侧各有一根硬棘；尾鳍截形、白色，有一黄色横带。

- 分布区域：西太平洋热带海域。
- 养鱼小贴士：饲养此鱼需要大量的绿色植物。

鱼体呈浅棕色，侧扁

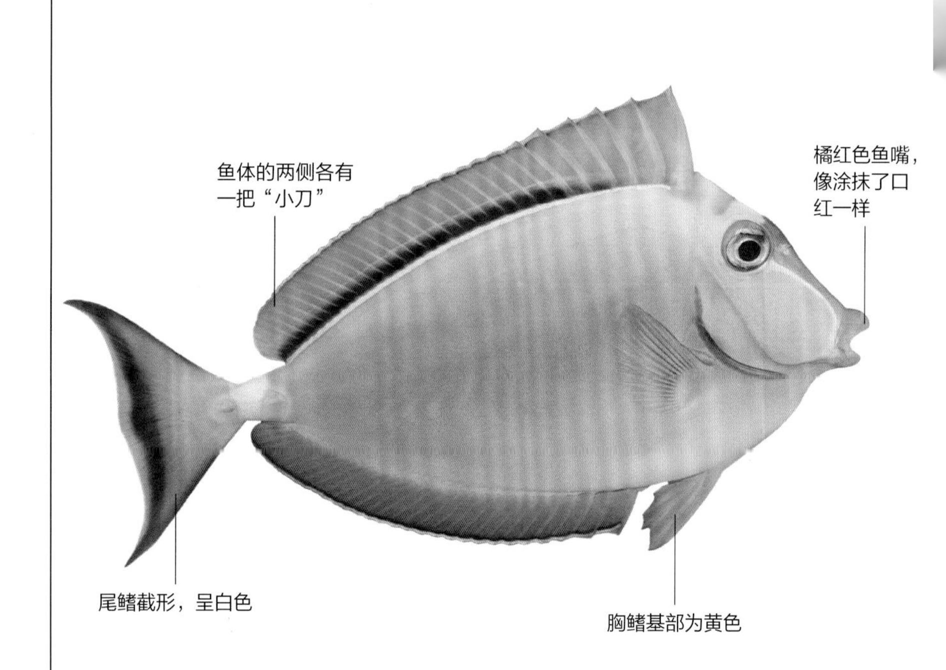

食性：草食	性情：温和	鱼缸活动层次：全部

科：刺尾鲷科
别称：无　　体长：25 厘米

帝王刺尾鲷

帝王刺尾鲷鱼体侧高，颜色由蓝色、黑色、暗黄色组成，主要基色为蓝色。鱼体上分布着长长的黑色线条，并有黑色线条延伸至尾部，尾部呈暗黄色，尾柄上有一尖刺平靠在鱼体上，是隐藏起来不易被发现的保护武器。帝王刺尾鲷个性活跃，好斗。

➲ 分布区域：东非到太平洋中部的珊瑚礁海域。

➲ 养鱼小贴士：饲养帝王刺尾鲷应有足够的空间，以保障帝王刺尾鲷的游动空间。

尾柄上有一尖刺平靠在鱼体上，是隐藏起来不易被发现的自卫武器

食性：草食	性情：好争斗	鱼缸活动层次：全部

科：刺尾鲷科
别称：紫高鳍刺尾鱼　　体长：20 厘米

紫帆鳍刺尾鱼

紫帆鳍刺尾鱼鱼体较长，成鱼体侧扁，呈卵圆形，头部、胸腹部及头枕部有紫黑色斑点，口小，上下颌齿较大，齿固定不可动，边缘有缺刻。另外，紫帆鳍刺尾鱼的背鳍及臀鳍有尖锐的硬棘，前方软条比后方的长，呈伞形，鱼的尾鳍近截形，胸鳍前半段蓝紫色，后半段黄色，尾鳍黄色。

➲ 分布区域：西印度洋的珊瑚礁海域。

➲ 养鱼小贴士：紫帆鳍刺尾鱼有领地观念，建议一个鱼缸只养一条，鱼缸内应布置绿色植物。

尾鳍近截形，呈黄色

背鳍有尖锐的硬棘

头部、胸腹部及头枕部有紫黑色斑点

食性：草食	性情：有领地观念	鱼缸活动层次：全部

科：刺尾鲷科
别称：黄刺尾鲷　　体长：20 厘米

黄刺尾鱼

黄刺尾鱼鱼体呈黄色，呈椭圆形，侧扁，头部较小，轮廓稍微凸出，额头陡斜，吻部向外凸出但并不尖细，背鳍及臀鳍硬棘尖锐，胸鳍近三角形，尾鳍呈弯月形，随着成长，上下叶逐渐延长，在背鳍基底末缘有一小块黑斑。黄刺尾鱼的幼鱼和成鱼体色是相同的，这一点不同于同科的其他鱼。另外，黄刺尾鱼的鱼鳞比较小，因此鱼体看起来比较光滑。

➲ 分布区域：夏威夷附近的浅水区。

➲ 养鱼小贴士：由于此类鱼有领地观念，因此不适宜多条一起饲养。

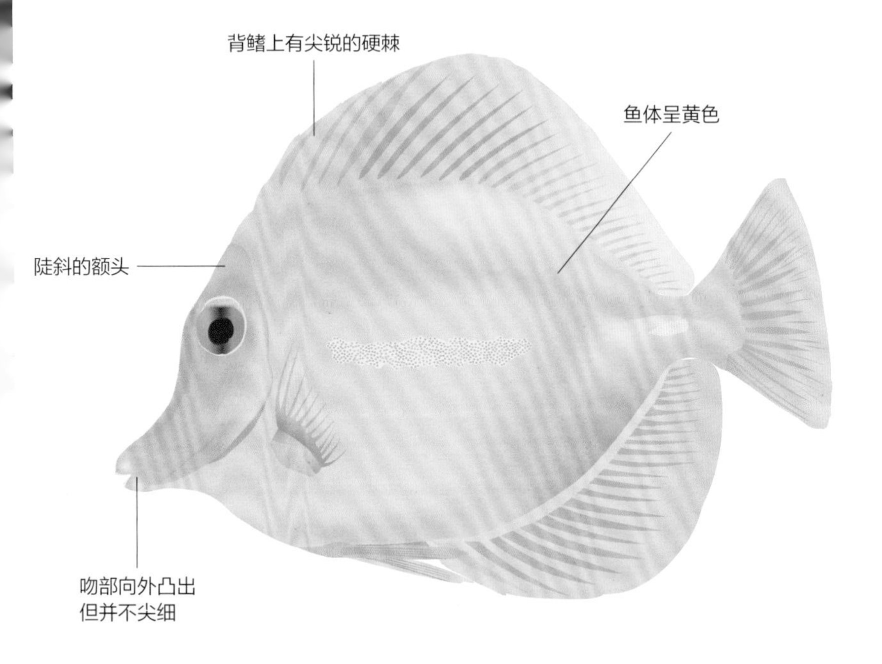

食性：草食	性情：有领地观念	鱼缸活动层次：全部

科：鳞鲀科
别称：女王炮弹鱼、蓝纹弹　　体长：50 厘米

姬鳞鲀

姬鳞鲀的鱼体颜色为暗黄色，还带有一层朦胧的浅绿色，姬鳞鲀整体观赏起来十分美丽，眼睛较大，吻部有斜穿的若干条蓝色线条，并从眼睛部位朝着鱼体其他部位散开。雄性成鱼的背鳍和臀鳍向外延伸，有的在鳍的边缘还带着蓝色的线条。

➲ 分布区域：加勒比海、大西洋西部。

➲ 养鱼小贴士：可喂食鱿鱼、虾、贝类、小鱼等，可与多种鱼一起饲养。

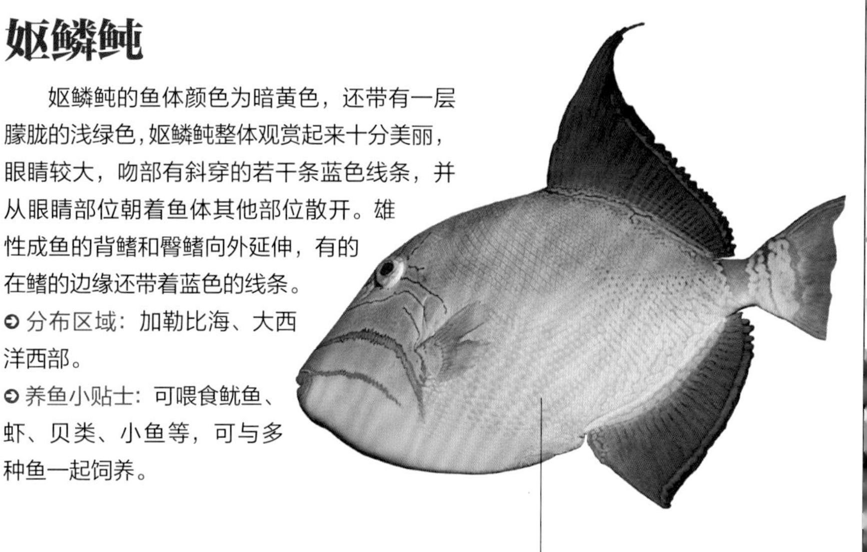

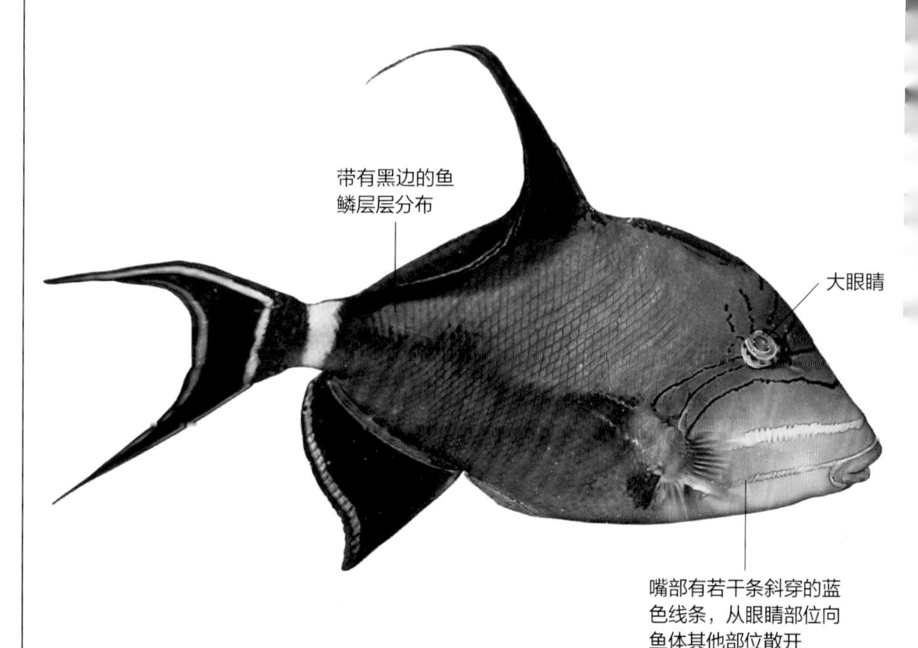

食性：肉食	性情：好争斗	鱼缸活动层次：全部

科：鳞鲀科
别称：无　　体长：50 厘米

黑扳机鲀

黑扳机鲀鱼体长，鱼体真正的颜色并不是纯黑色，而是由紫、蓝、绿等多种颜色组合而成的。黑扳机鲀眼睛比较大，脸部有线条分布，吻部圆钝，它有两个背鳍，其中第二个背鳍为它提供了游动的力量，腹鳍不发达，尾柄短小，尾鳍呈琴形，边缘有线条环绕。

➲ 分布区域：印度洋及太平洋中部。

➲ 养鱼小贴士：黑扳机鲀繁殖能力较强，亲鱼会保护在巢内产下的卵。

尾鳍呈琴形，边缘有线条环绕

鱼体颜色由紫、蓝、绿等多种颜色组合而成

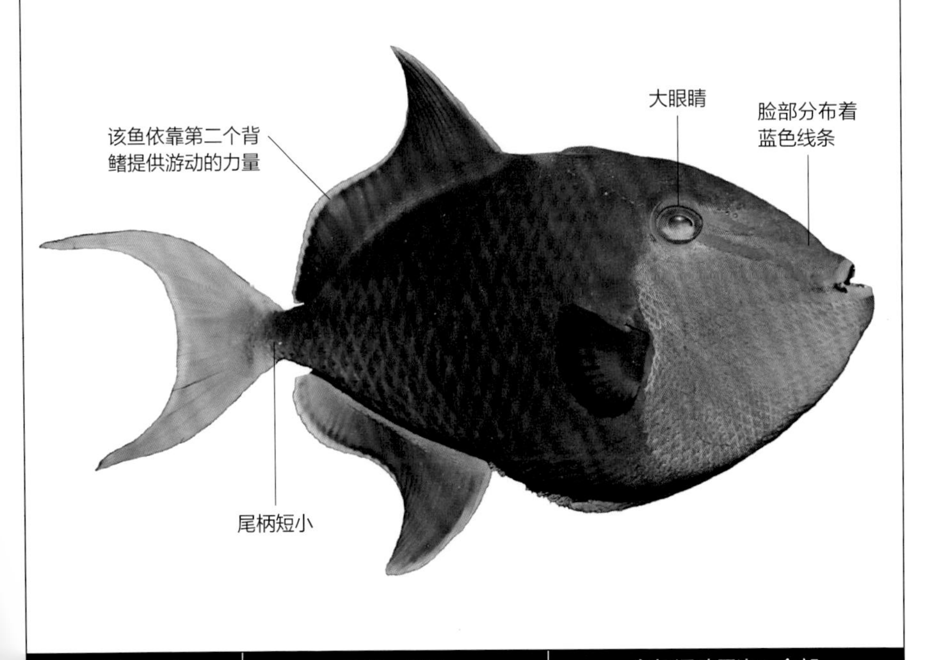

食性：肉食	性情：温和	鱼缸活动层次：全部

科：鳞鲀科
别称：小丑炮弹鱼　　体长：50 厘米

皇冠扳机鲀

皇冠扳机鲀鱼体颜色十分丰富，基本体色呈褐色，又有白色、黄色等颜色掺杂其中。皇冠扳机鲀的外形看起来并不对称，因为它的腹部有一点向外凸出。鱼体上分布着大小不一的白色斑点，在背鳍基部还分布着一大块类似豹纹的斑块。皇冠扳机鲀的胸鳍、臀鳍、第二背鳍是无色的。皇冠扳机鲀虽然受多人喜爱，但是饲养起来有一定难度。

➲ 分布区域：东非、印度洋及太平洋中部。

➲ 养鱼小贴士：可与同科鱼一起饲养，可喂食鱿鱼、贝类、小鱼及硬壳虾等。

鱼体上分布着大小不一的白色斑点

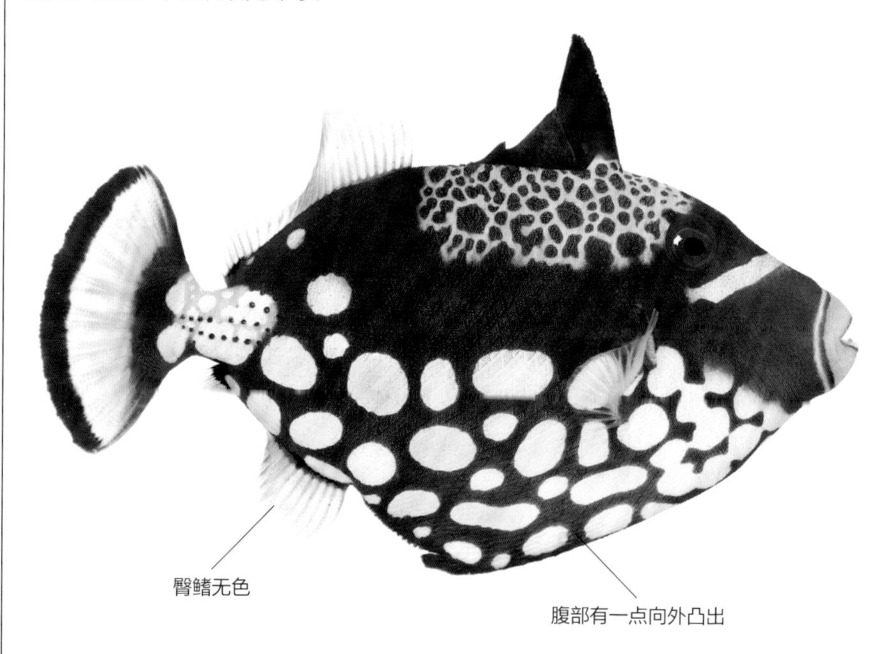

臀鳍无色

腹部有一点向外凸出

食性：肉食	性情：温和	鱼缸活动层次：全部

胸鳍无色
鱼体颜色丰富，
颜色掺杂

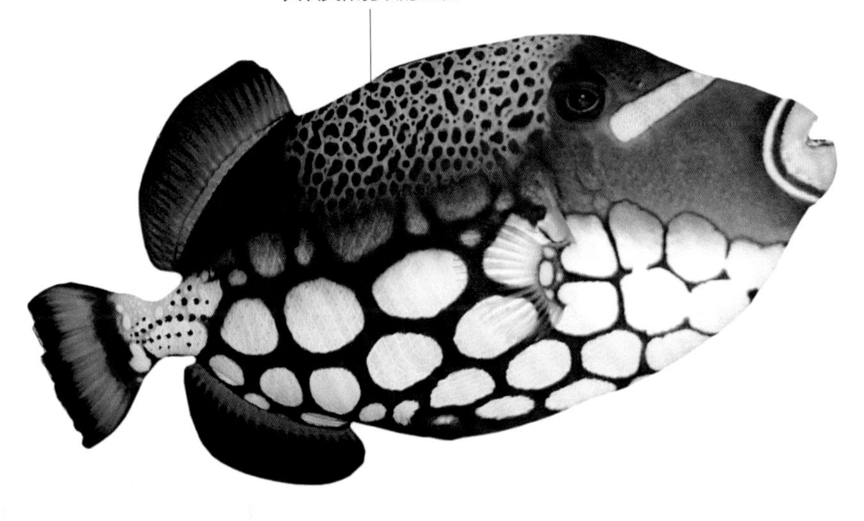
背鳍基部还分布着一
大块类似豹纹的斑块

科：鳞鲀科
别称：毕加索　　体长：30 厘米

叉斑锉鳞鲀

叉斑锉鳞鲀鱼体长，鱼体呈灰白色、蓝色，它的名称来源于鱼体上的现代派图案。吻长，嘴部呈黄色，并有黄线向后延伸，另有蓝色线条穿过眼睛部位，背鳍呈黑色，尾部无色。叉斑锉鳞鲀的俗名是毕加索，此鱼会发出“咕噜”声，像猪一样。

背鳍呈黑色

➲ 分布区域：红海到夏威夷的浅水区。

➲ 养鱼小贴士：可以与同科鱼一起饲养，可喂食冰冻鱼肉、水蚯蚓、虾、蟹等。

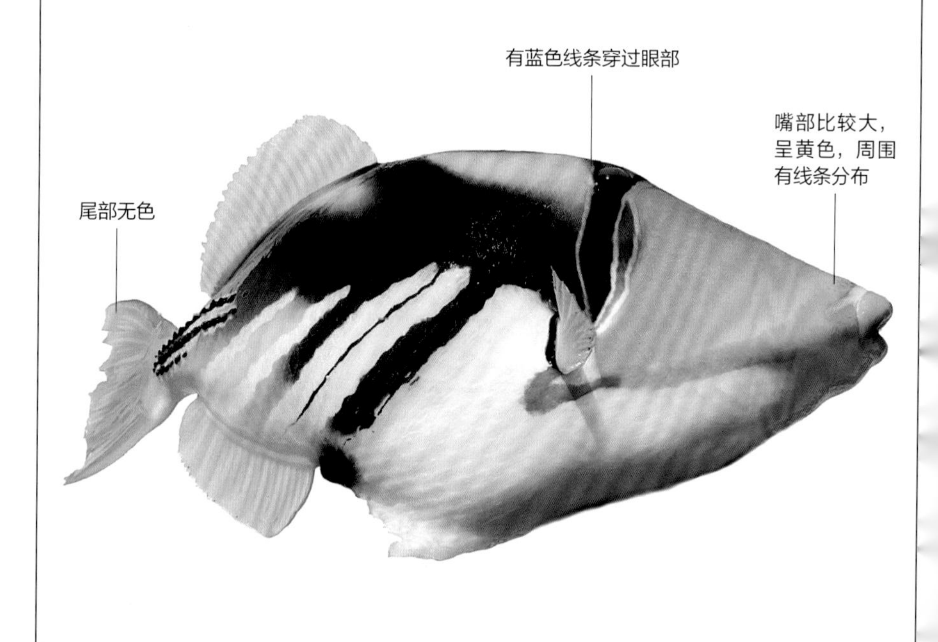

食性：肉食	性情：温和	鱼缸活动层次：全部

科：隆头鱼科
别称：无　　体长：120 厘米

双点盔鱼

双点盔鱼鱼体很长，头部不大，并且在头部布满了黑色斑点。幼鱼体色呈白色，鱼体上分布着密密麻麻的黑色小斑点和两块面积较大的斑块，臀鳍上有长长的黑色的线条边缘，尾鳍部分有黑色斑点，呈半月形。

➲ 分布区域：印度洋、太平洋地区的珊瑚礁。

➲ 养鱼小贴士：双点盔鱼的食物很丰富，性情也比较温和，适合初学者饲养。

鱼体上分布着密密麻麻的黑色斑点

臀鳍上有长长的黑色的线条边缘

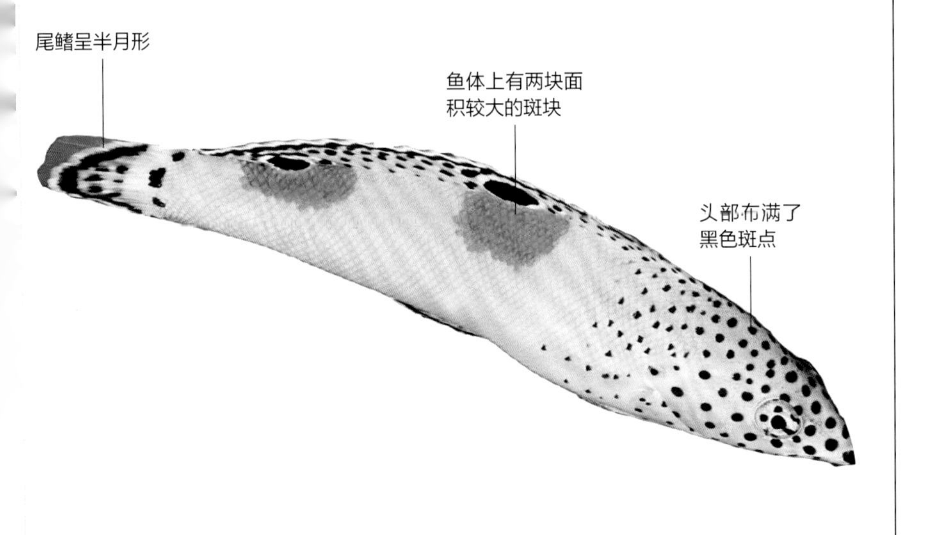

食性：杂食	性情：温和	鱼缸活动层次：底层

科：隆头鱼科
别称：无　　体长：25 厘米

鸟嘴盔鱼

鸟嘴盔鱼鱼体长 25 厘米左右，鱼体整体上呈蓝绿色，鸟嘴盔鱼最明显的特征就是它的嘴部像鸟喙拥有上下颌，尾鳍呈绿色，尾鳍会随着年龄的增长变成琴形。另外，鸟嘴盔鱼在不同生长时期的鱼体颜色也是不一样的，幼鱼呈棕色。

➲ 分布区域：印度洋以及太平洋西部热带地区的珊瑚礁。

➲ 养鱼小贴士：此类鱼可喂食一般的动物性鱼饵。

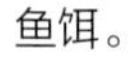

尾鳍呈绿色

鸟喙似的上下颌

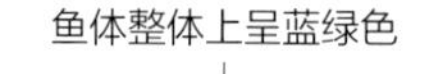

鱼体整体上呈蓝绿色

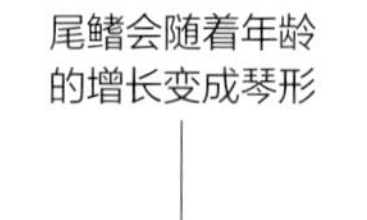

尾鳍会随着年龄的增长变成琴形

食性：肉食	性情：温和	鱼缸活动层次：全部

科：隆头鱼科
别称：鱼医生　　体长：10 厘米

清洁隆头鱼

清洁隆头鱼头部较小，基本呈乳白色，最明显的特征就是从吻部延伸至尾鳍部位的一条黑色渐宽条纹，其他部位有淡蓝色分布。清洁隆头鱼会深入其他鱼的口腔或鳃盖内食寄生虫，因此也有“鱼医生”的称呼。

➲ 分布区域：印度洋、太平洋地区的珊瑚礁海域。

➲ 养鱼小贴士：清洁隆头鱼由于喂养比较困难，因此不适合初学者饲养。

鱼体上分布有淡蓝色

食性：肉食	性情：温和	鱼缸活动层次：全部

科：隆头鱼科
别称：绿鹦鹉锦鱼、琴尾锦鱼、哨牙妹　　体长：30 厘米

新月锦鱼

新月锦鱼鱼体侧扁，鱼体整体呈绿色，成鱼头部轮廓平坦，有紫色的花纹环绕分布。体侧出现 1 条紫色垂直线纹，鱼体有密密麻麻的小段波纹层层分布，看起来错落有致，十分漂亮。尾鳍上下叶鳍条延长，中叶为黄色，呈新月形。

尾鳍呈新月形

头部侧扁，呈绿色

➲ 分布区域：印度洋和太平洋中部及西部的珊瑚礁。

➲ 养鱼小贴士：可与多种鱼科的鱼一起饲养，喂食鱿鱼、花蛤、白菜、人工配饵等。

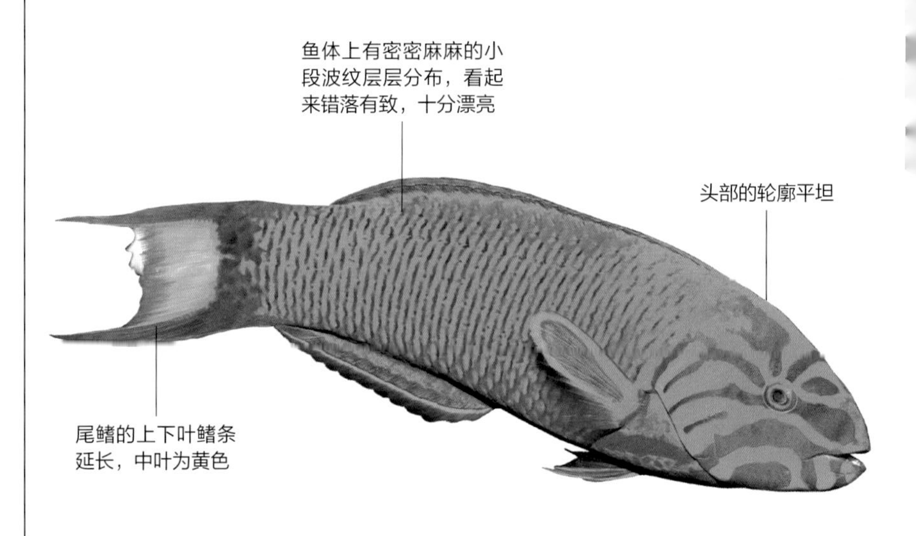

食性：杂食	性情：温和	鱼缸活动层次：中层和底层

科：燕鱼科
别称：无　　体长：50 厘米

圆眼燕鱼

圆眼燕鱼的体形像贝壳，体侧高，体黄褐色，带着淡绿色，且有黑缘，头部不大，额头陡斜。在圆眼燕鱼的鱼体上有两三条条纹穿过，这些条纹会随着鱼的长大而逐渐消退，背鳍和臀鳍基部长，鳍条高，能把鱼体包围。

➲ 分布区域：印度洋、太平洋沿海浅水区。

➲ 养鱼小贴士：圆眼燕鱼食量较大，饲养的时候要给予足够的饵料。

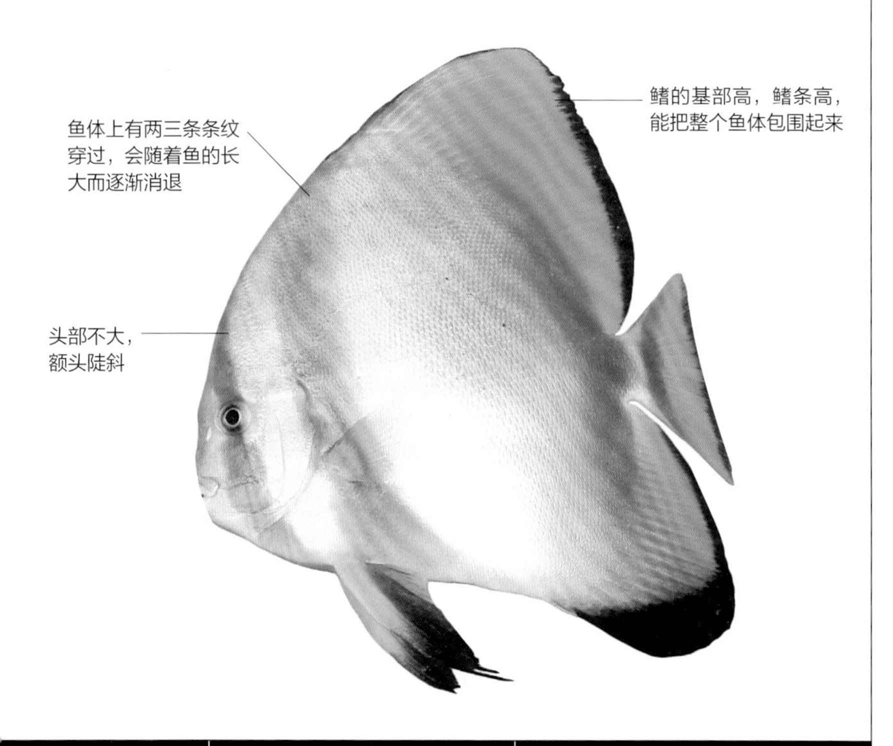

食性：杂食	性情：温和	鱼缸活动层次：中层和底层

科：箱鲀科
别称：牛角、箱鲀、牛角箱鲀　　体长：50 厘米

长角牛鱼

长角牛鱼的鱼体短而扁，呈箱状，骨板代替了鳞，鱼皮膜上有剧毒，受惊吓或遭到破损就会释放出毒素。长角牛鱼游动时像是气垫船，它的皮肤会分泌出一种有毒的黏液，但这种黏液让它看起来非常独特，有趣的是当它被抓到的时候，就会发出呼噜声。

- 分布区域：印度洋至太平洋海域。
- 养鱼小贴士：它以多毛类底栖动物为食。

鱼皮膜有剧毒，如受惊吓或遭到破损就会释放出毒素

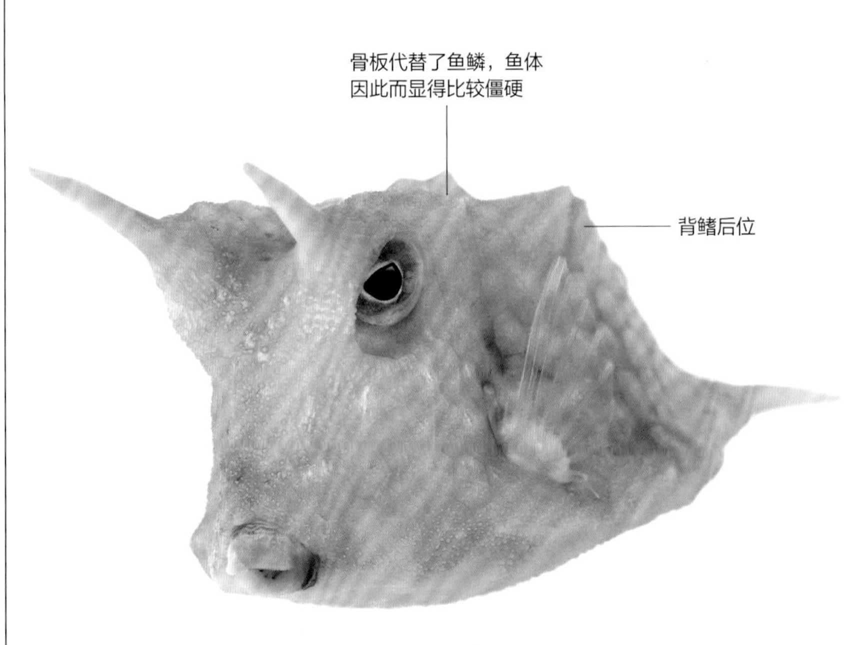

食性：杂食	性情：胆小	鱼缸活动层次：底层

科：鰕虎鱼科
别称：紫雷达鱼　　体长：6 厘米

紫火鱼

紫火鱼的鱼体主要颜色为米黄色和紫红色，其中鱼体的前半部分呈米黄色，鱼的额头和鱼体的后半部分呈紫红色。紫火鱼从外观上来看相当漂亮，观赏性较高。

➲ 分布区域：印度洋中部至太平洋中部的珊瑚礁。

➲ 养鱼小贴士：饲养的时候宜单独饲养，并在鱼缸里布置可隐藏的地方。

食性：肉食	性情：胆小	鱼缸活动层次：中层和底层

科：鰕虎鱼科
别称：丝鳞塘鳢　　体长：6 厘米

火鱼

火鱼鱼体纤细，鱼体前半部分是白色带粉色，后半部分为橙色，背鳍和臀鳍很长，与尾巴相连，背鳍的第 1 条棘长，这是火鱼躲藏在缝隙中时用作抵抗入侵者的一道防线。平时火鱼在珊瑚礁四周游动，当潮流涌来时，会集结在潮流中觅食浮游生物，只要有险情出现，它们都会迅速钻入珊瑚礁的缝隙中躲避袭击。

➲ 分布区域：印度洋、太平洋、西大西洋及加勒比海地区的珊瑚礁。

➲ 养鱼小贴士：饲养时需要布置一些珊瑚，以供火鱼躲避之用。

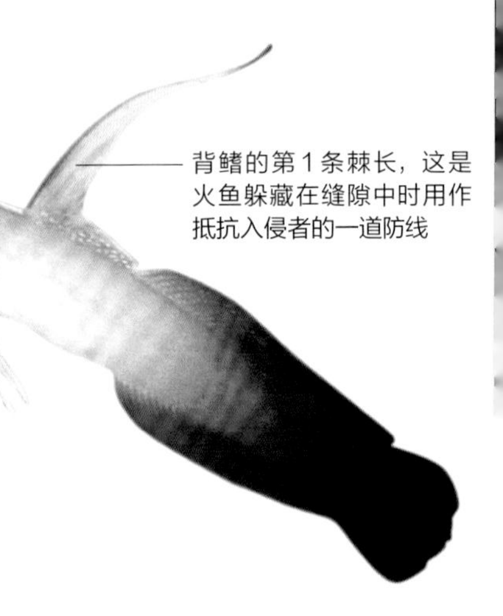

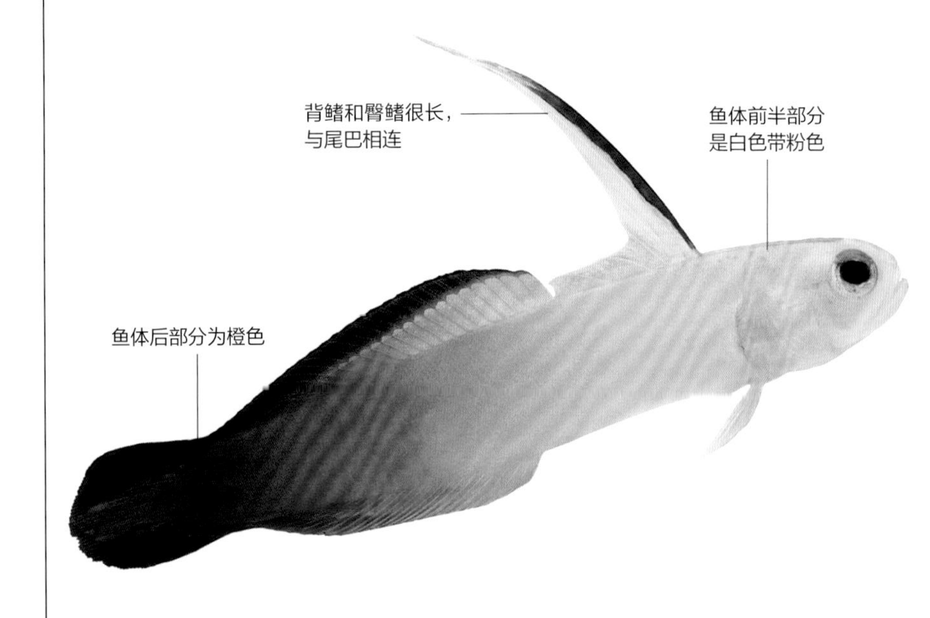

食性：肉食	性情：温和	鱼缸活动层次：中层和底层

科：鲉科
别称：崩鼻鱼　　体长：35 厘米

狮子鱼

狮子鱼的鱼体无鳞，眼大，背鳍长，腹鳍位于头下，形成吸盘，用以吸附海底，鳍棘条尖锐有毒腺，人被刺后会产生剧痛，严重者呼吸困难，甚至晕厥。尾鳍圆形，体色为华丽的红色，有暗色横带，并有黑色斑点分布在尾部。

➲ 分布区域：印度洋和太平洋地区的珊瑚礁。

➲ 养鱼小贴士：狮子鱼食肉，争强好胜，饲养时应小心被刺刺到中毒。

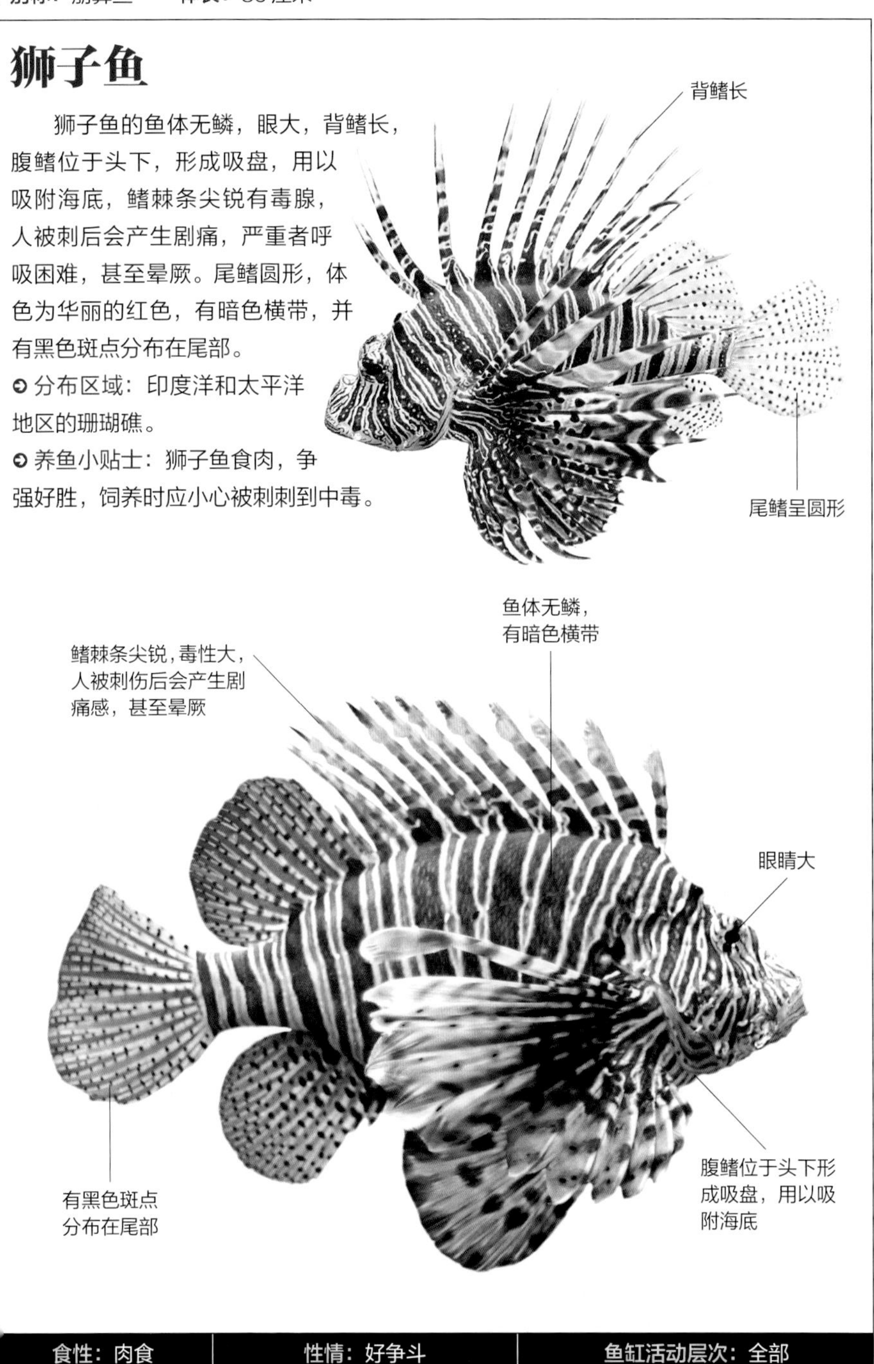

食性：肉食	性情：好争斗	鱼缸活动层次：全部

科：海龙科
别称：水马、马头鱼　　体长：25 厘米

海马

海马的头呈马头状，与身体形成一个角，吻呈长管状，口小，全身完全由膜骨片包裹，有一无刺的背鳍，均由鳍条组成，无腹鳍和尾鳍，眼可以各自独立活动，游动能力差，游动时可保持直立状态，尾部细长呈四棱形。

➲ 分布区域：印度洋，太平洋地区的海岸浅水水域。

➲ 养鱼小贴士：饲养的时候应布置体积较大的水族箱，方便它游动和活动，并布置树枝让它攀附。

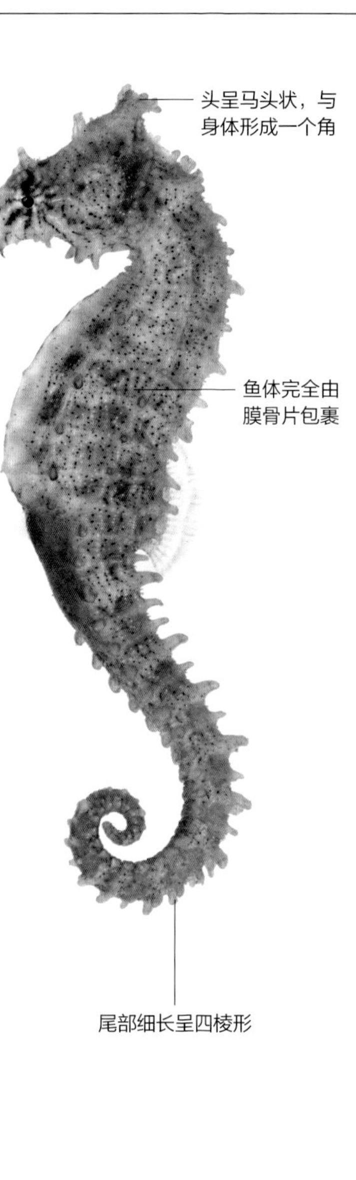

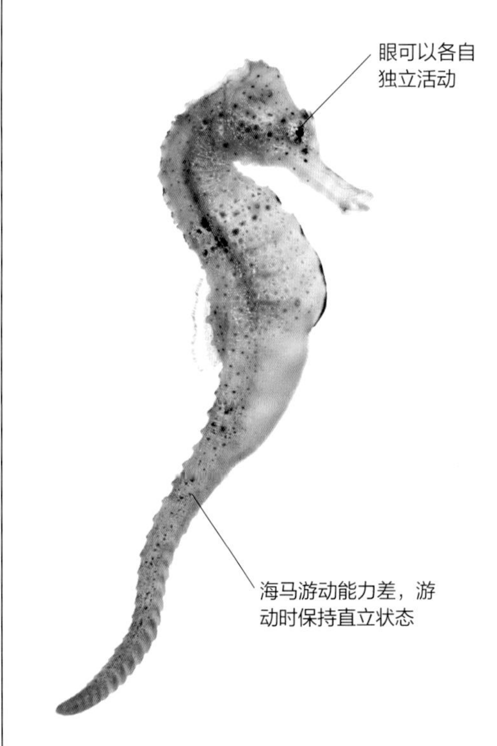

食性：肉食、食活饵	性情：胆小	鱼缸活动层次：中层和底层

科：刺鲀科
别称：长刺河豚鱼　　体长：50 厘米

长刺河豚

长刺河豚圆形，主要体色为黄褐色和白色，其中鱼体上半部分为黄褐色，分布着不规则的黑色斑点，下半部分为白色，无腹鳍。鱼体上有松弛的刺，颜色以黄褐色为主，尾鳍无色呈扇形。

➲ 分布区域：印度洋、太平洋地区靠近海岸的岩石底部。

➲ 养鱼小贴士：长刺河豚主要吃小型甲壳动物和无脊椎动物，喜欢在鱼缸底部活动，饲养的时候宜单养。

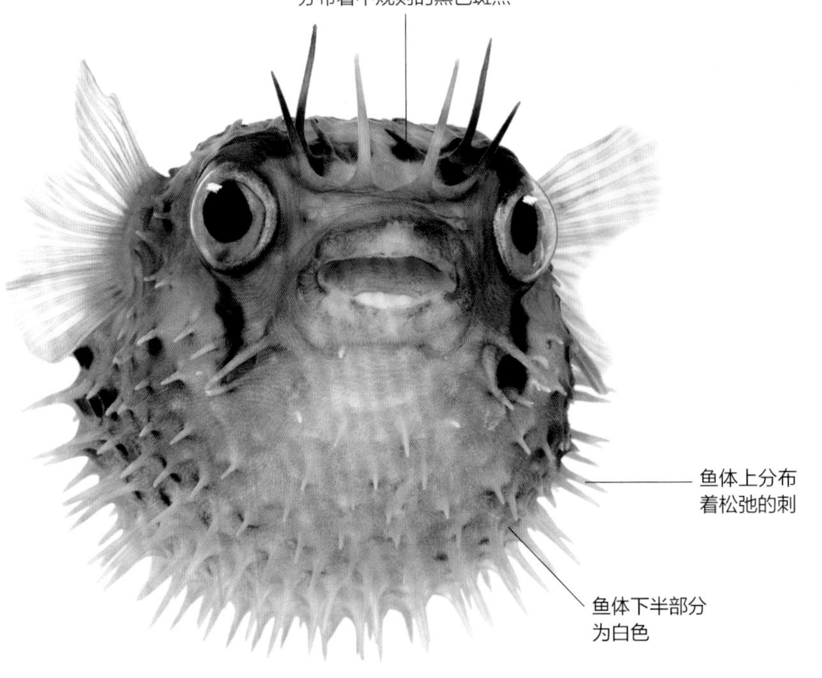

食性：肉食	性情：温和	鱼缸活动层次：底层

科：四齿鲀科
别称：安斑扁背科鲀　　体长：20 厘米

黑鞍河豚

黑鞍河豚鱼体主要颜色是黑色、白色和黄色，其中鱼体正面呈黑色，鱼体腹部和吻部呈白色，还有密密麻麻的褐色斑点分布在鱼体上，尾鳍部分呈黄色，有黑色边缘。

➲ 分布区域：印度洋、太平洋地区的珊瑚礁中。

➲ 养鱼小贴士：黑鞍河豚喜欢吃淡水蜗牛，虽然不爱争斗，但是有领地观念。

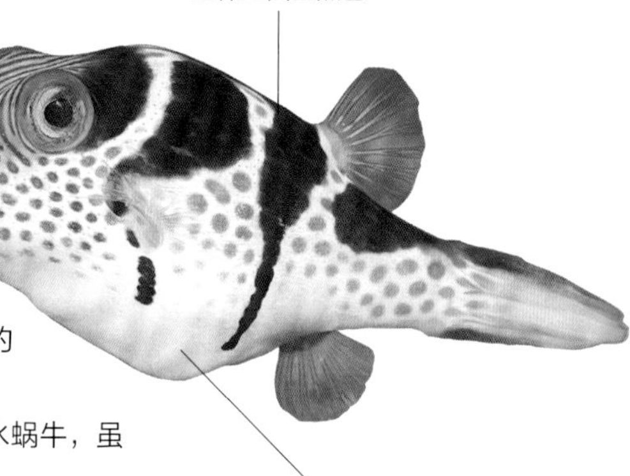

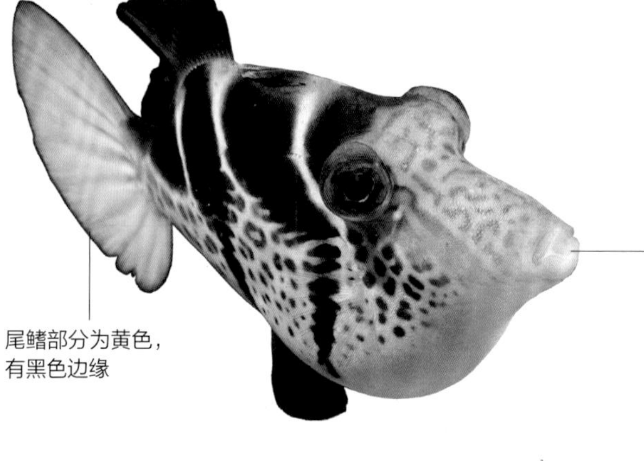

食性：肉食	性情：温和，有领地观念	鱼缸活动层次：中层和底层

科：篮子鱼科
别称：狐狸鱼　　体长：25 厘米

狐面鱼

狐面鱼呈椭圆形，头部呈三角形，嘴部尖且向前凸出。鱼体主要呈黄色、黑色、白色，其中头部有黑白条纹，头部以下部分呈黄色，背鳍从头部一直延伸到尾柄，臀鳍从腹部延伸到尾柄，两鳍上下对称。

➲ 分布区域：太平洋的珊瑚礁海域 。

➲ 养鱼小贴士：狐面鱼的饵料有藻类、菜叶等，饲养的时候应给予合适的水质环境。

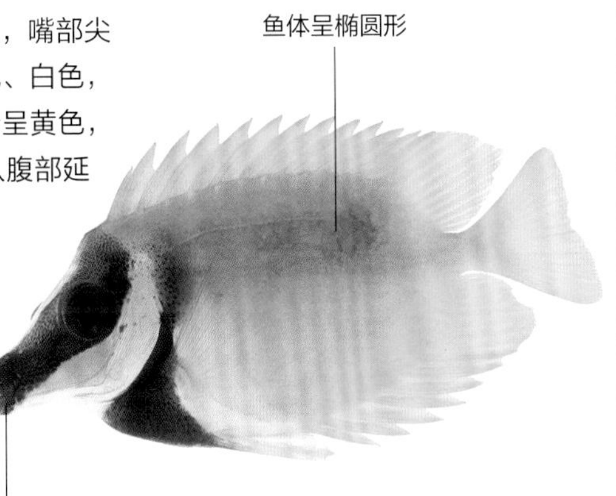

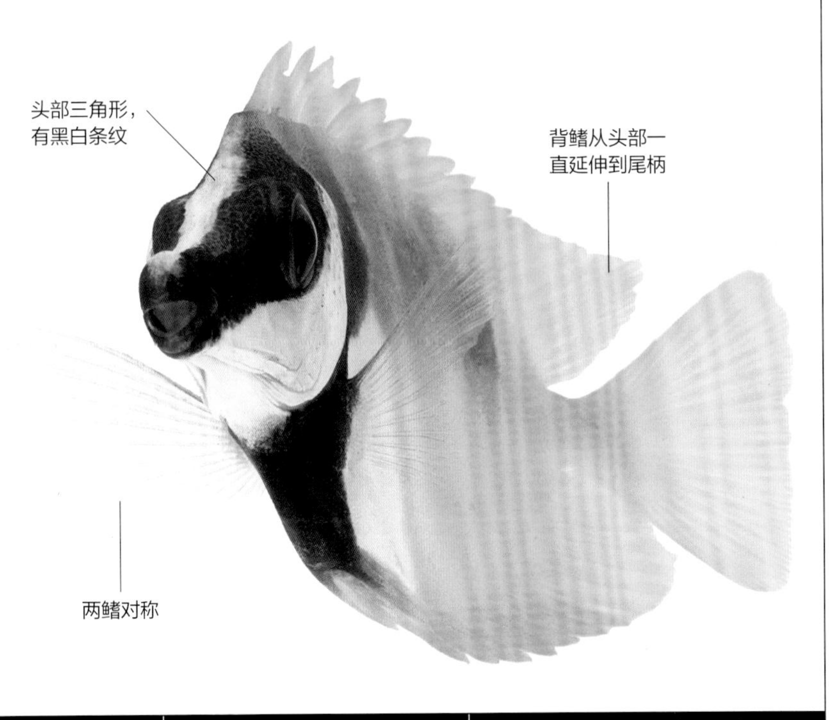

食性：草食	性情：温和	鱼缸活动层次：中层和底层

科：鳂科
别称：无　　体长：30 厘米

戴冠鳂鱼

戴冠鳂鱼的鱼体呈红色，上面分布着数条细长的白色横向条纹，这些条纹从鱼的鳍部一直延伸到尾鳍，整体看起来十分漂亮。戴冠鳂鱼的眼睛很大。另外，戴冠鳂鱼的鳍基本上是无色的，在鳍的边缘位置有红色的细边条纹。

➲ 分布区域：印度洋、太平洋地区。

➲ 养鱼小贴士：戴冠鳂鱼好斗，最好单养。

鳍基本是无色的，鳍的边缘位置有红色的细边条纹

鱼体呈红色

食性：肉食	性情：好争斗	鱼缸活动层次：底层

科：鳂科
别称：大斑眼　　体长：30 厘米

勇士鱼

勇士鱼的整体颜色十分漂亮，呈砖红色，其中鱼体正面的颜色相对要深一些，而侧面的颜色要相对浅一些，眼睛比较大，在眼睛下方鳃盖的后面有一条黑色的条纹，没有完全穿过鱼体。勇士鱼有两个背鳍，其中一个带刺，另一个呈三角形，尾鳍部分有白色，两边边缘部分被砖红色包围，尾呈深叉形。

● 分布区域：东非至南太平洋水域的礁石中。

● 养鱼小贴士：饲养时喂食虫饵和小鱼即可。

尾鳍呈深叉形

体色呈砖红色

食性：肉食	性情：好争斗，喜群集	鱼缸活动层次：底层

第二章

热带淡水鱼

热带淡水观赏鱼主要来自于
热带和亚热带地区的河流、湖泊中，
它们的分布地域极广，品种繁多，
体形特性各异，颜色五彩斑斓。
它们主要来自于三个地区：
一是南美洲的许多国家和地区；
二是东南亚的许多国家和地区；
三是非洲的马拉维湖、
维多利亚湖和坦干伊克湖。

带纹鲃

带纹鲃的鱼体颜色偏淡，银灰色中带着橄榄绿，在阳光的照耀下，鱼体的鳞片会闪出光芒。鳍呈浅黄色，背鳍上有黑色斜纹穿过，在尾柄有一块面积不大的黑色斑点。

◎ 分布区域：印度、斯里兰卡的溪流中。

◎ 养鱼小贴士：带纹鲃的饵料较杂，不爱争斗，可以混养。

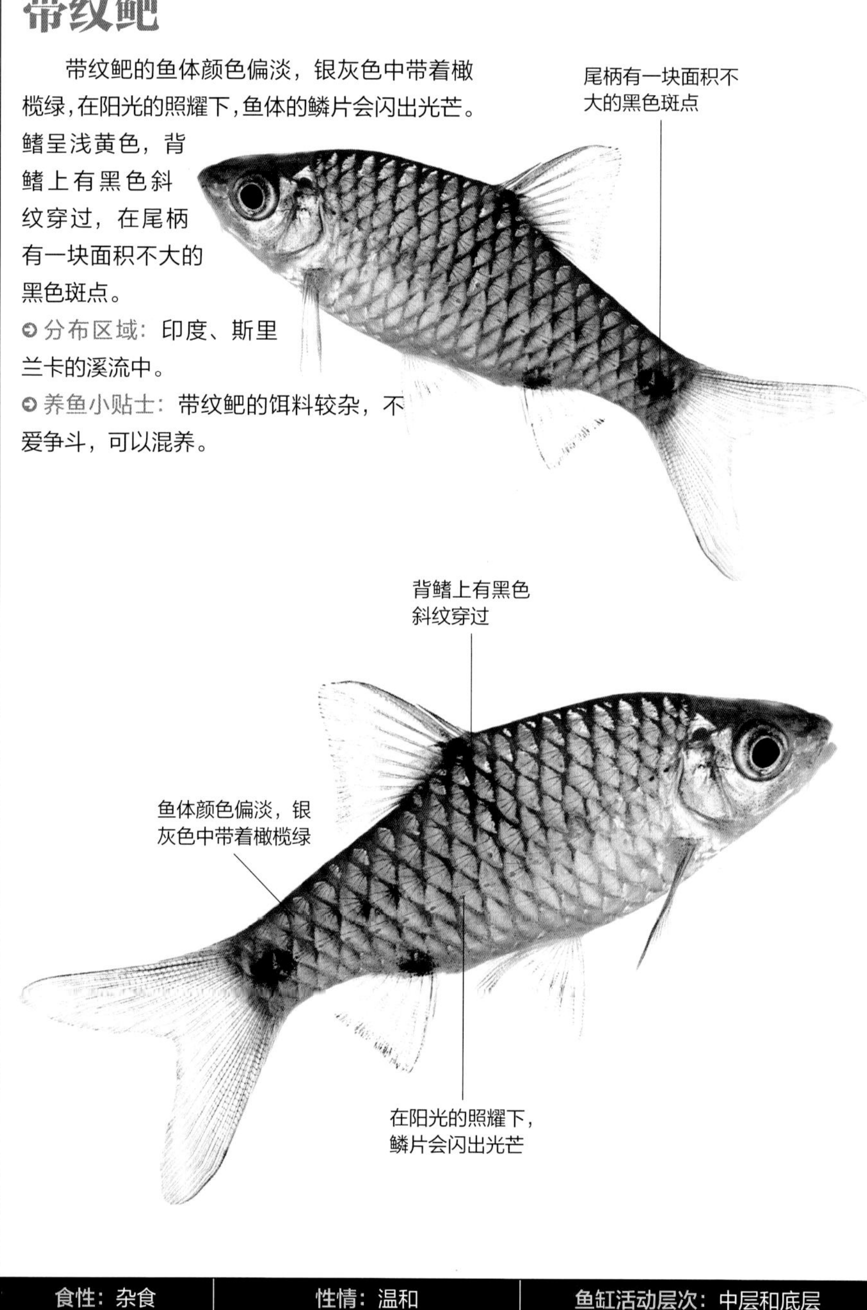

食性：杂食	性情：温和	鱼缸活动层次：中层和底层

科：鲤科
别称：无　　体长：8 厘米

玫瑰鲃

玫瑰鲃鱼体颜色偏淡，呈淡玫瑰色，因此被称为玫瑰鲃。尾柄正前方有黑色的斑块，还有半透明的淡红色鳍。玫瑰鲃是由人工培育出来的长鳍鱼。

分布区域：印度东北部河流。

养鱼小贴士：很容易存活，适合初学者饲养。

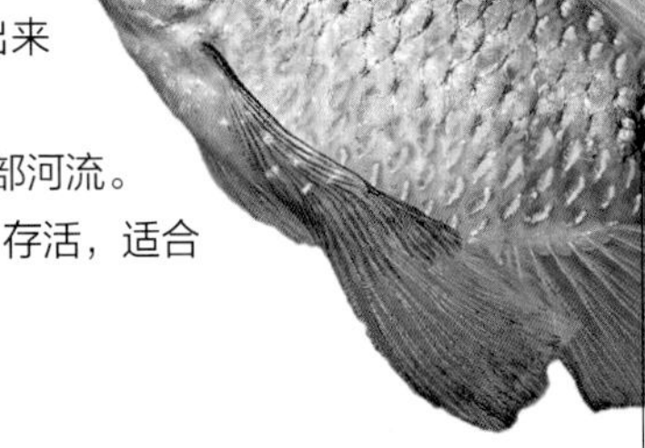

食性：杂食	性情：温和，喜群集	鱼缸活动层次：全部

科：鲤科
别称：T字鲃、邮戳鱼、邮差鱼　　体长：15厘米

扳手鲃

扳手鲃体长较短，最显著的特征就是有像扳手形状的斑纹。另外，因为从鱼体中央位置延伸到尾鳍有一条黑色的直线条，与上面的黑色条纹形成“T”形，因此扳手鲃也常常被叫作T字鲃。

分布区域：泰国、马来西亚、印度尼西亚等地的溪流中。

养鱼小贴士：扳手鲃成群时喜欢追逐小鱼，饲养时喂食一般的饵料即可。

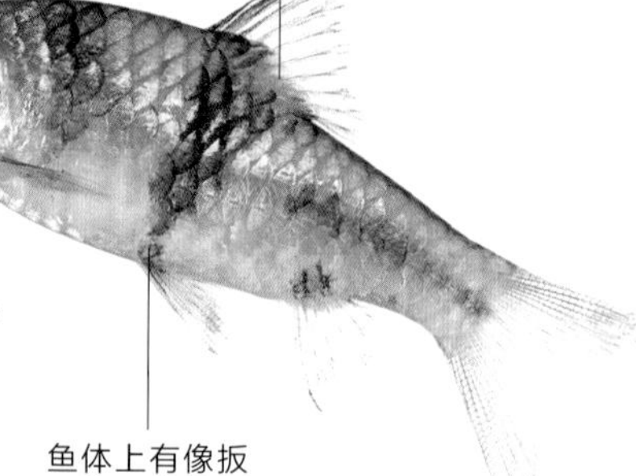

食性：杂食	性情：温和	鱼缸活动层次：中层和底层

科：鲤科　　别称：樱桃鱼、红玫瑰鱼　　体长：5厘米

樱桃鲃

樱桃鲃在发情时颜色和樱桃花的颜色一样，故又称为樱桃鱼；由于鱼体主要颜色是玫瑰色，所以又被称为红玫瑰鱼。樱桃鲃鱼体呈纺锤形，稍侧扁，尾鳍呈叉形，鱼体还有一个比较显著的特征就是从吻部到尾柄部位有一条黑色条纹，这个黑色条纹纵穿鱼体，条纹两边呈锯齿形。樱桃鲃颜色美丽，观赏性高，深受观赏爱好者的喜爱。

分布区域：斯里兰卡的溪流中。

养鱼小贴士：适合用小的鱼缸饲养，可以与同等大小的鱼混养。

鱼体呈纺锤形，稍侧扁
从吻部起到尾柄部位有一条黑色条纹纵穿鱼体
鱼体主要颜色是玫瑰色
尾鳍呈叉形

食性：杂食	性情：温和	鱼缸活动层次：中层和底层

科：鲤科

别称：金箔鱼　　体长：30 厘米

锡箔鲃

锡箔鲃的鳞表面呈“镀铬”状，因此又被称为金箔鱼。幼鱼背鳍基部呈红色，向下至腹侧逐渐变成亮晶晶的银色，鳞片错落有致，背鳍呈三角形；成鱼背鳍呈黑色，尾鳍颜色单调。

◎ 分布区域：印度尼西亚、马来西亚、文莱和泰国的河流湖泊中。

◎ 养鱼小贴士：锡箔鲃偏爱植物性饵料，个性不喜争斗，适宜水温是 24℃。

该鱼的幼鱼时期背鳍呈三角形

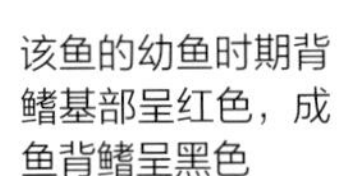

食性：杂食	性情：温和	鱼缸活动层次：中层和底层

科：鲤科
别称：虎皮鱼　　体长：6 厘米

四间鲃

四间鲃的整体颜色是黄色，头部较小，吻部向前凸出，鱼体上有四条黑色条纹穿过，其中一条穿过眼睛部位。四间鲃表面整体看起来像是“虎皮”，因此又被称为虎皮鱼。

◎分布区域：印度尼西亚的溪流中。

◎养鱼小贴士：四间鲃喜欢试探其他鱼类的尾鳍，因此不可与其他尾鳍宽大或很长的小鱼混养。四间鲃喜欢吃人工饲料或摇蚊幼虫，并且喜欢不停地闻各种物体的味道。

食性：杂食	性情：温和	鱼缸活动层次：中层和底层

科：鲤科
别称：苔斑鲃　　体长：6 厘米

绿虎皮鲃

绿虎皮鲃和四间鲃有些相像，是人工培育的品种，目前还没有野生种。但绿虎皮鲃与四间鲃不同的是，绿虎皮鲃鱼体中黑色所占的面积要大一些，在繁殖期雌性绿虎皮鲃体态更为丰腴。绿虎皮鲃体色基调浅黄，分布有红色斑纹和小点，从头至尾有 4 条垂直的黑色条纹，斑斓似虎皮。背鳍高，尾柄短，尾鳍呈叉形。

分布区域：人工培育的品种，目前未发现野生。

养鱼小贴士：绿虎皮鲃属于人工培育的品种，因此喂食一般的鱼饵即可。

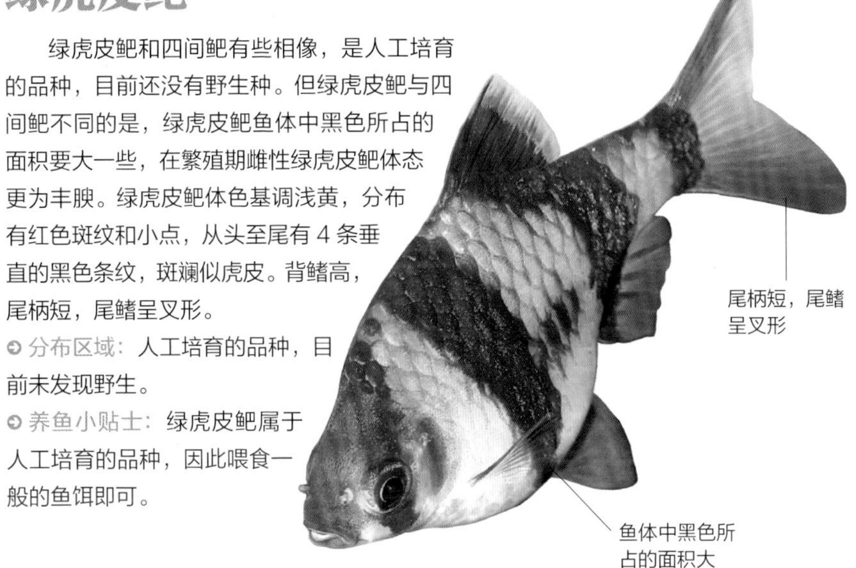

食性：杂食	性情：温和	鱼缸活动层次：中层和底层

科：鲤科
别称：钻石彩虹　　体长：10 厘米

双点鲃

双点鲃的鱼体有两块面积不大的黑色斑点，分别分布在鱼体的鳃盖后方和鱼体的尾柄上。雌性双点鲃在繁殖期会变得比较丰腴。

➲ 分布区域：印度、斯里兰卡一带的溪流中。

➲ 养鱼小贴士：双点鲃喜欢吃活饵、干燥食物、冷冻食物以及薄片饲料。它很活泼，可以混养，在水族箱中会与其他的鱼一起嬉戏。

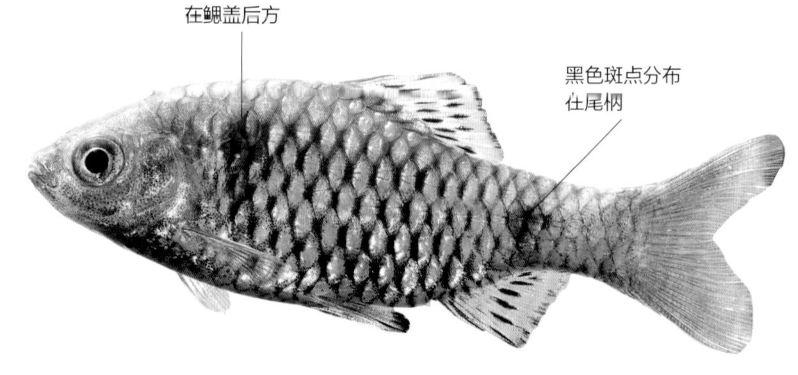

食性：杂食	性情：温和	鱼缸活动层次：中层和底层

科：鲤科
别称：斑尾波鱼　　体长：15 厘米

大剪刀尾波鱼

大剪刀尾波鱼的鱼体呈棕绿色，鱼体修长，它属于杂食鱼，不喜欢争斗，所以很适合混养。鱼体比较明显的特征就是尾鳍部位颜色分明，尾鳍呈叉形。另外，有一条不明显的线条穿过鱼体。

◎ 分布区域：泰国、马来西亚、印度尼西亚的溪流中。

◎ 养鱼小贴士：大剪刀尾波鱼很容易饲养，喂食一般的鱼饵即可，适合初学者饲养。

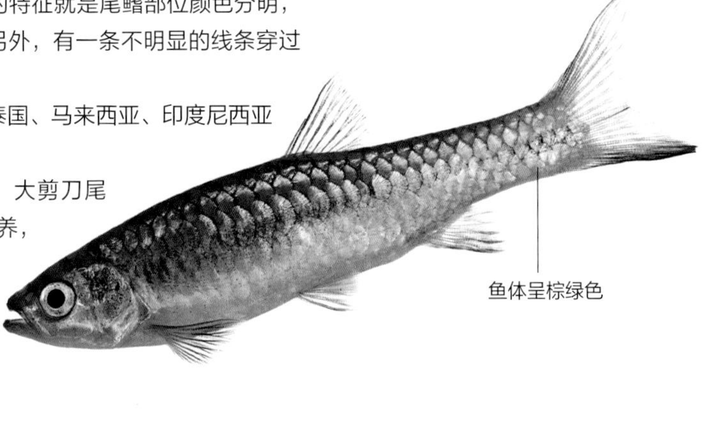

食性：杂食	性情：温和	鱼缸活动层次：中层

科：鲤科
别称：金线波鱼　　体长：10 厘米

细长波鱼的鱼体细长，鱼体主要呈银色，有一条长长的线条从鱼的吻部纵穿到尾鳍的位置，鳍没有颜色，当有光照射时，细长波鱼会发出闪闪的光芒。细长波鱼有人工培育的品种，一般情况下，野生品种体型要小一些。

分布区域：印度、斯里兰卡、缅甸、泰国的溪流中。

养鱼小贴士：细长波鱼不爱争斗，喜欢群集，可进行混养。

无色的鳍

体色为银白色，有紫色、绿色或黄色的折光色彩

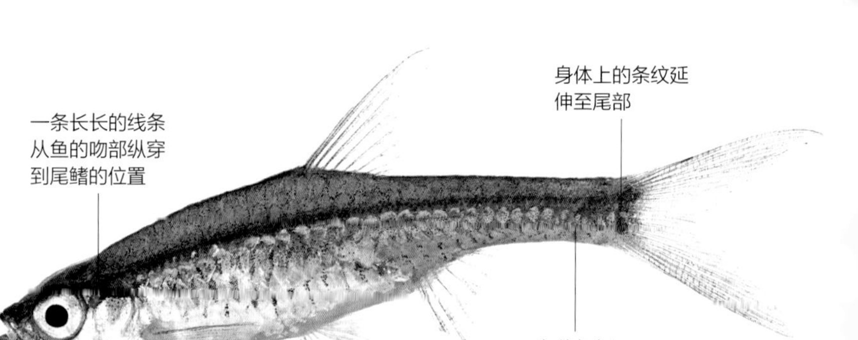

食性：杂食	性情：温和	鱼缸活动层次：中层

科：鲤科
别称：霸王灯、紫罗兰灯、蓝线波鱼　　体长：10 厘米

闪亮波鱼

闪亮波鱼的鱼体细长，鱼体主要呈褐色略带粉色，当有灯光照射时，鱼鳞会发出闪闪的光芒，另外，闪亮波鱼鱼体上有一条长长的细条纹穿过，这条条纹呈黑色，从吻部一直延伸到尾鳍。

分布区域：印度尼西亚、泰国、马来西亚的溪流中。

养鱼小贴士：闪亮波鱼不爱争斗，喜欢群集，饲养难度不是很高，适宜初学者饲养。

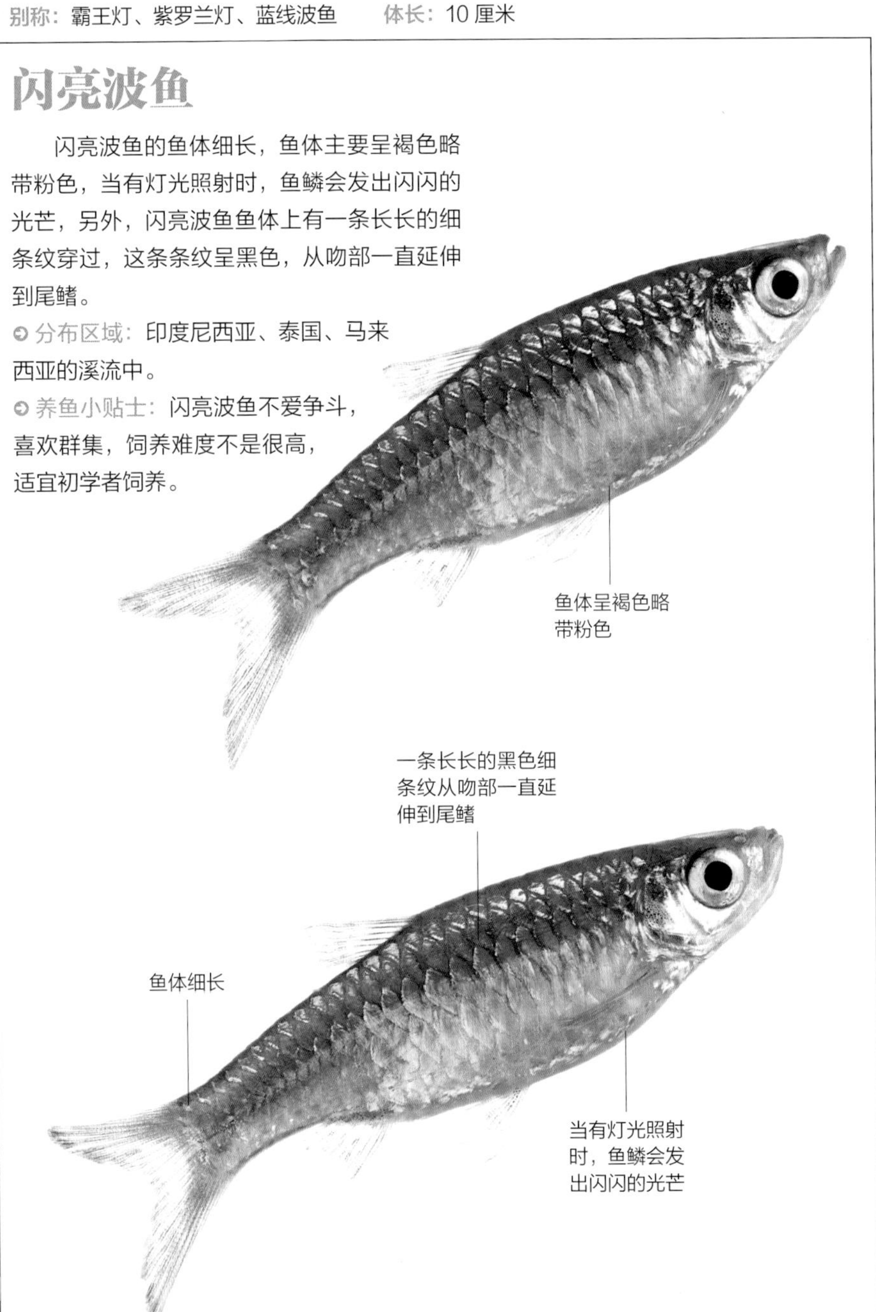

食性：杂食	性情：温和	鱼缸活动层次：中层

科：丽鱼科
别称：蓝七彩　　体长：20 厘米

蓝七彩碟鱼

蓝七彩碟鱼的鱼体侧扁，像碟盘一样，头部不大，眼睛较大，吻部圆钝，稍微向前凸出，眼眶位置有一红色斑块，总体颜色绚丽缤纷，鱼体上有很多褐色斑点密密麻麻的分布着，在背鳍和臀鳍部位有很多不规则的黑色条纹点缀着。

➲ 分布区域：亚马孙水域中。

➲ 养鱼小贴士：对水质的要求很高，需要在一个隔离且密封的鱼缸，幼鱼最好和亲鱼养在一起。饲养的时候最好单养。

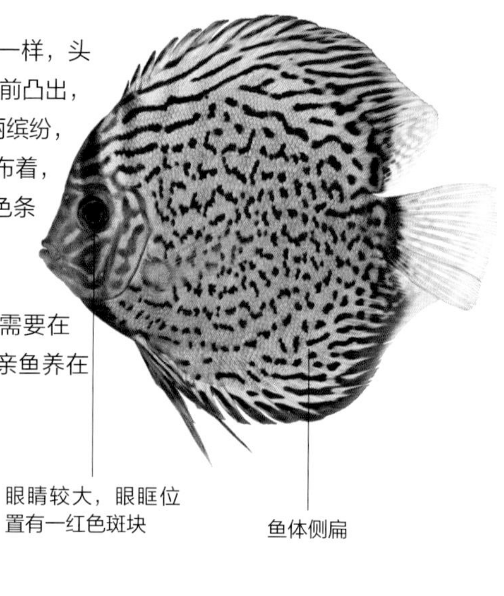

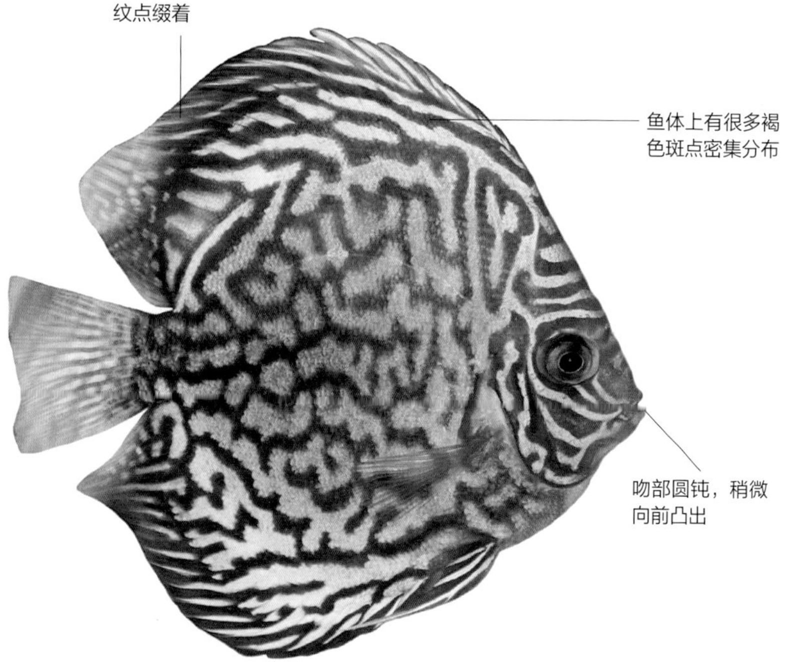

食性：杂食	性情：温和	鱼缸活动层次：中层和底层

科：鲤科
别称：彩虹波鱼　　体长：10 厘米

斑驳波鱼

斑驳波鱼鱼体整体呈橘红色，头部不大，眼睛则比较大。另外，斑驳波鱼鱼体上有若干块黑色斑点，分别分布在背鳍后面和臀鳍前面的位置。鱼的鳞片十分漂亮，特别是有灯光照射的时候，会发出闪闪的光芒，因此斑驳波鱼又被称为彩虹波鱼。

◎ 分布区域：印度尼西亚、马来西亚的溪流中。

◎ 养鱼小贴士：斑驳波鱼喜群集，不爱争斗。在中性和硬度适中的淡水中饲养效果最好。

鱼的鳞片十分漂亮，特别是有灯光照射的时候，会发出闪闪的光芒

背鳍后面分布着黑色斑点

头部不大，眼睛比较大

臀鳍前面分布着黑色斑点

食性：杂食	性情：温和	鱼缸活动层次：全部

科：鲤科
别称：彩虹鲨　　体长：15 厘米

红鳍鲨

红鳍鲨原产于泰国，鱼体呈长梭形，整体为浅褐色，各鳍均呈橘红色，尾鳍呈叉形，在光照之下，红鳍鲨鳞片会闪闪发光，十分漂亮，因此被养鱼爱好者所喜爱。

◎ 分布区域：泰国溪流中。

◎ 养鱼小贴士：红鳍鲨有时会吞食其他品种小型鱼，所以饲养的时候最好不要和小型的鱼类混养。

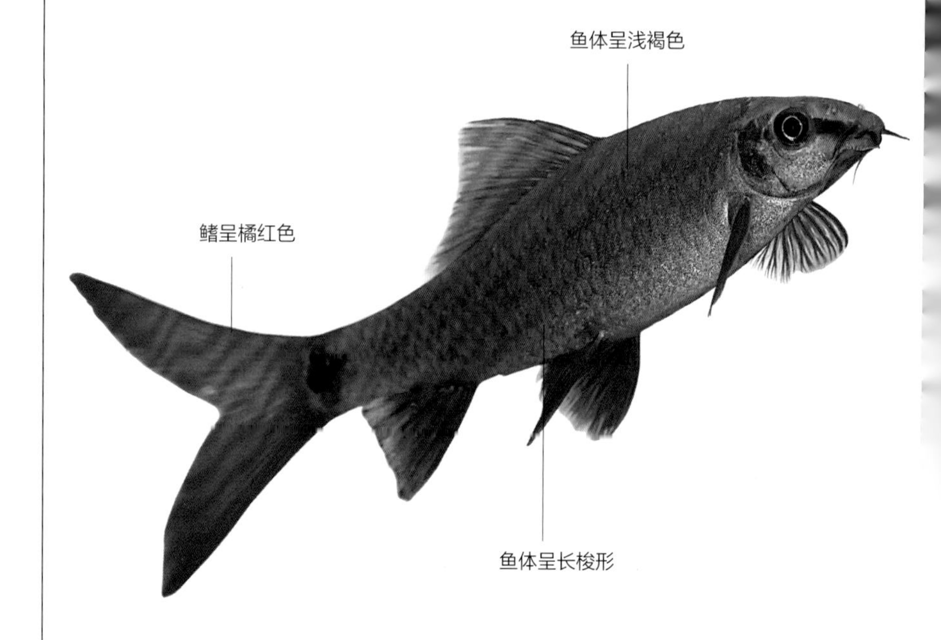

食性：杂食	性情：好争斗	鱼缸活动层次：中层和底层

科：鲤科
别称：巴拉鲨　　体长：30 厘米

银鲨

银鲨鱼体修长，总体上呈银色，各个鳍呈尖形，背鳍、腹鳍、臀鳍呈三角形，尾鳍呈深叉形，鳍外缘均有黑色宽边，黑边内侧为淡灰色宽带。银鲨生长比较快，鱼体健壮。

分布区域：印度尼西亚、泰国的溪流中。

养鱼小贴士：银鲨容易饲养，要用大型水族箱，加盖防跳。

鳍呈尖形，边缘有黑色宽边
尾鳍呈深叉形
尖尖的头
黑边内侧为淡灰色宽带

食性：杂食	性情：温和	鱼缸活动层次：中层和底层

科：鲤科　　别称：暹罗角鱼、暹罗穗唇鲃　　体长：15 厘米

长椭圆鲤

长椭圆鲤的鱼体呈鱼雷形，被明显的色彩带划分，顶部呈深绿色，中间被一条浅黄色条纹隔开，下面有一条黑色条纹横穿全身，腹部颜色呈银黄色。长椭圆鲤的背鳍、尾鳍上都分布着黄色的斑纹，背鳍基部呈黑色。长椭圆鲤以嘴来刮食岩石上的水草或藻类，雄鱼在繁殖期会长出头瘤。

分布区域：泰国、印度尼西亚、马来西亚的溪流中。

养鱼小贴士：不能在鱼缸中繁殖，饲养者要注意观察。

顶部呈深绿色
鱼体呈鱼雷形
腹部呈银黄色
一条黑色条纹横穿全身

食性：杂食	性情：温和	鱼缸活动层次：中层和底层

科：鲤科
别称：火尾鱼　　体长：15 厘米

红尾黑鲨

红尾黑鲨原产地在泰国，鱼遍体漆黑，只有尾鳍呈红色，像一团燃烧的烈火，因此又被德国人称为火尾鱼。红尾黑鲨幼鱼时期，身体各鳍呈黑色；长到 8 厘米左右，尾鳍会变为金黄色；长到 10 厘米时达到性成熟，尾鳍变为鲜红色。水温过低时尾鳍的颜色便会褪为橙黄色，甚至会变成纯黑色。

鲜明的红色尾鳍，像一团烈火

➲ 分布区域：泰国溪流中。

➲ 养鱼小贴士：红尾黑鲨生性活泼好动，所以饲养时需在鱼缸上加盖，以防其跃出鱼缸。

食性：草食	性情：好争斗	鱼缸活动层次：中层和底层

科：鲤科
别称：无　　体长：50 厘米

黑鲨

黑鲨的雄鱼鱼体瘦小，雌鱼较大，幼鱼时期体色为灰黑色，成鱼时期颜色会变深。吻部生有两对触须，背鳍呈三角形，尾柄较长较细。

背鳍呈三角形

尾柄细长

幼鱼时期呈灰黑色，成鱼颜色加深

分布区域：印度尼西亚、泰国、柬埔寨的水域中。

养鱼小贴士：由于黑鲨婚姻严格恪守“一夫一妻”制，因此在配对时要务必小心。黑鲨在饲养的时候要多喂食鲜活鱼，繁殖时缸底铺黑白相间的小卵石，栽上阔叶水草，设置一个倒扣的花盆。

食性：杂食	性情：温和	鱼缸活动层次：底层

科：鲤科　　别称：无　　体长：30 厘米

哈塞尔特骨唇鱼

哈塞尔特骨唇鱼的鱼体主要呈棕灰色，头部较小，背部高拱，尾柄上有不显著的斑纹，鱼鳞层层分布，错落有致，看起来美观大方，特别是有光照射的时候，鱼鳞会闪闪发光。

分布区域：泰国、印度尼西亚、马来西亚的溪流中。

养鱼小贴士：哈塞尔特骨唇鱼成长的速度较快，饲养的时候需要为它提供较大的空间。

食性：杂食	性情：温和	鱼缸活动层次：中层和底层

科：脂鲤科
别称：星点钻石灯　　体长：8 厘米

布宜诺斯艾利斯灯鱼

布宜诺斯艾利斯灯鱼在整体上非常漂亮，鱼体颜色以蓝色、橘红色、银色为主，鱼体最明显的特征就是有一条从鳃盖后面开始一直延伸至尾柄末端的蓝绿色条纹。鱼鳍呈橘红色。

➲ 分布区域：阿根廷的普拉特河盆地以及巴西、巴拉圭水域中。

➲ 养鱼小贴士：布宜诺斯艾利斯灯鱼喜欢吃软叶植物，与其他小型鱼混养会散发出迷人的光彩。

食性：杂食	性情：温和	鱼缸活动层次：全部

科：鲤科
别称：绿镶唇鲨　　体长：15 厘米

红宝石鲨

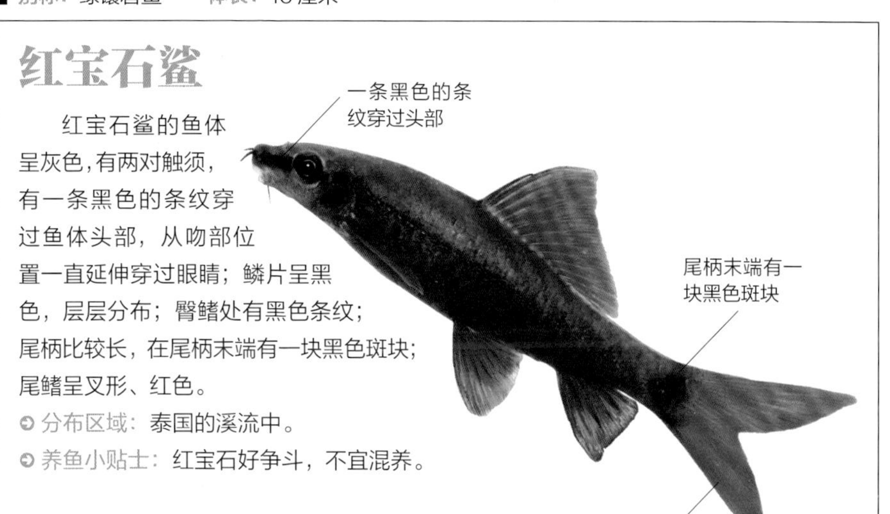

红宝石鲨的鱼体呈灰色，有两对触须，有一条黑色的条纹穿过鱼体头部，从吻部位置一直延伸穿过眼睛；鳞片呈黑色，层层分布；臀鳍处有黑色条纹；尾柄比较长，在尾柄末端有一块黑色斑块；尾鳍呈叉形、红色。

分布区域：泰国的溪流中。

养鱼小贴士：红宝石好争斗，不宜混养。

食性：杂食	性情：好争斗	鱼缸活动层次：中层和底层

科：脂鲤科　　别称：半身黑、黑牡丹　　体长：5 厘米

黑裙鱼

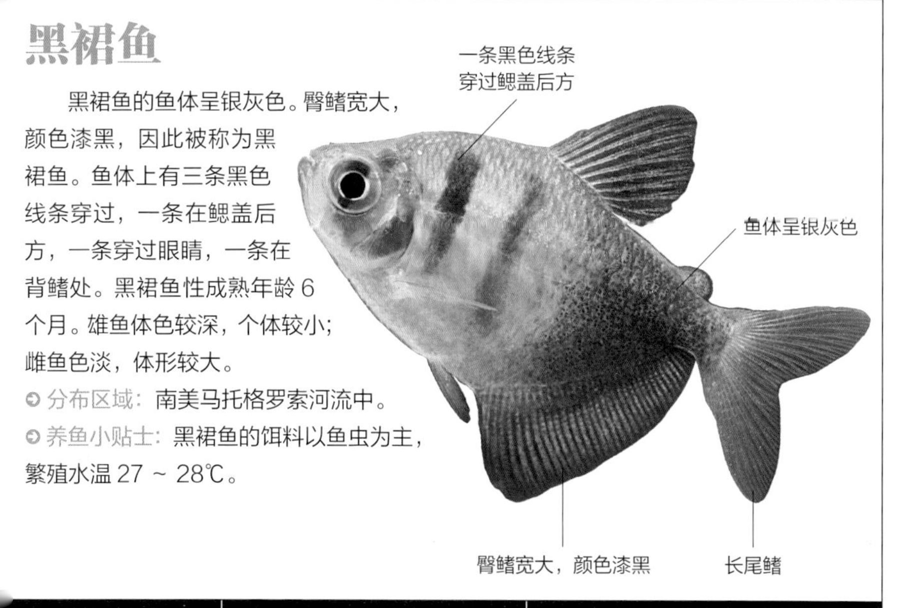

黑裙鱼的鱼体呈银灰色。臀鳍宽大，颜色漆黑，因此被称为黑裙鱼。鱼体上有三条黑色线条穿过，一条在鳃盖后方，一条穿过眼睛，一条在背鳍处。黑裙鱼性成熟年龄 6 个月。雄鱼体色较深，个体较小；雌鱼色淡，体形较大。

分布区域：南美马托格罗索河流中。

养鱼小贴士：黑裙鱼的饵料以鱼虫为主，繁殖水温 27 ~ 28℃。

食性：杂食	性情：温和	鱼缸活动层次：全部

科：脂鲤科
别称：红绿灯鱼　　体长：5 厘米

霓虹灯鱼

霓虹灯鱼是比较有名的观赏鱼类，鱼体整体发出青绿色光芒，从头部到尾部有一条明亮的蓝绿色色带，鱼体后半部蓝绿色色带下方还有一条红色色带，腹部蓝白色，红色色带和蓝色色带贯穿全身，光彩夺目。霓虹灯鱼对饵料不苛求，鱼虫、水蚯蚓、干饲料等都摄食。

➲ 分布区域：巴西的马托格罗索溪流中。

➲ 养鱼小贴士：可与其他品种的鱼混养，喜在光线暗淡的水族箱中生活，禁止强光照射。

腹部蓝白色

从头部到尾部有一条
明亮的蓝绿色色带

鱼体后半部分下方有
一条红色色带

鱼体整体发出
青绿色光芒

食性：杂食	性情：温和，喜群集	鱼缸活动层次：全部

科：脂鲤科
别称：无　　体长：5 厘米

潜行灯鱼

潜行灯鱼的鱼体主要呈砖红色，雌鱼比雄鱼鱼体丰腴，鱼体比较明显的特征就是有一条细长的条纹从眼睛下方一直延伸到尾鳍中央偏下位置。现在，生物学界对这种鱼的形状、颜色及习性等仍存在一定的争议。

➲ 分布区域：巴西、圭亚那的水域中。

➲ 养鱼小贴士：一般的饵料即可喂养，不喜欢争斗。

鱼体主要呈砖红色

食性：杂食	性情：温和	鱼缸活动层次：中层

科：脂鲤科
别称：黑帝王灯鱼　　体长：5 厘米

黑幻影灯鱼

鱼体上有一条细长条纹

黑幻影灯鱼整体呈银灰色，眼睛较大，在头部下方位置有一块面积不大的黑色斑块；背鳍比较大，呈黑色；尾鳍呈叉形，也为黑色；黑幻影灯鱼还有一个比较明显的特点就是鱼体上有一条细长的条纹，从鱼的肩部一直延伸到尾柄末端位置。与黑幻影灯鱼相对的是红幻影灯鱼，两者颜色不同，但其他鱼体特征比较相似。

分布区域： 巴西、玻利维亚的溪流中。

养鱼小贴士： 黑幻影灯鱼适宜在酸性软水中饲养，可以与其他小鱼混养，但是单养为佳。

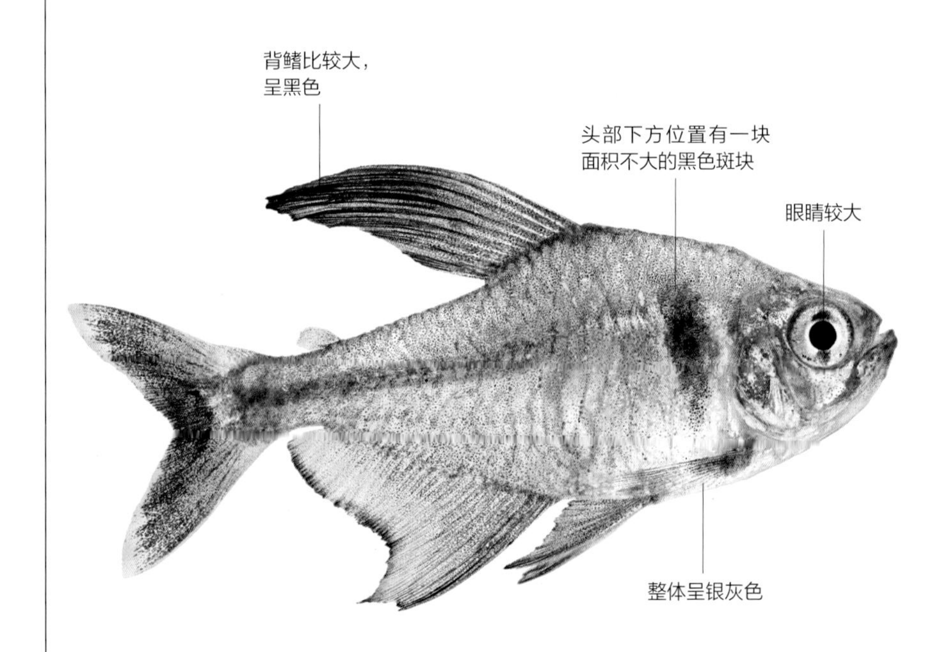

食性：杂食	性情：温和	鱼缸活动层次：中层

科：脂鲤科
别称：无　　体长：6 厘米

皇帝灯鱼

皇帝灯鱼鱼体主要颜色是褐色和浅黄色；鱼体比较明显的特征就是有一条从鳃盖后方一直延伸到尾鳍基部的长长的褐色条纹；雄性皇帝灯鱼的背鳍看起来比较锋利，臀鳍呈淡黄色，鱼鳞层层分布，错落有致，十分漂亮。

分布区域：哥伦比亚的溪流中。

养鱼小贴士：皇帝灯鱼饲养起来比较容易，一般饵料即可喂食。

雄鱼背鳍看起来比较锋利

鱼体主要颜色是褐色和浅黄色

鱼鳞层层分布，错落有致，十分漂亮

有一条从鳃盖后方一直延伸到尾鳍基部的长长的褐色条纹

臀鳍呈淡黄色

食性：杂食	性情：温和	鱼缸活动层次：全部

科：脂鲤科
别称：宝莲灯鱼、新红莲灯鱼　　体长：5 厘米

日光灯鱼

日光灯鱼是观赏鱼中的珍品，头和尾柄较宽，眼较大，吻部较圆钝，背腹有脂鳍，尾鳍呈叉形，整体颜色十分亮丽；其最显著的特征就是有一条从眼部至尾部闪亮的蓝色长条纹，在蓝色长条纹下方有大片的红色斑块，当日光灯鱼游动的时候，身体就会出现蓝红交错的景象，非常美丽。日光灯鱼与红绿灯鱼相似，日光灯鱼体上的红色斑块面积要比红绿灯鱼的红色斑块覆盖面积更大，颜色也更加鲜艳。

从眼至尾部有一条闪亮的蓝色长条纹，在蓝色长条纹下方有大片的红色斑块

◎ 分布区域：巴西、哥伦比亚、委内瑞拉境内流速缓慢的河流里。

◎ 养鱼小贴士：日光灯鱼适宜用酸性软水饲养，比较有利于鱼的繁殖。

食性：杂食	性情：温和	鱼缸活动层次：全部

科：食人鱼科
别称：皇冠银板　　体长：40 厘米

银板鱼

银板鱼鱼体的主要颜色是银灰色和暗红色；它头部不太大，眼睛比较大；胸鳍、臀鳍部位呈暗红色，鱼体的其他部位大致呈银灰色，臀鳍和尾鳍的末端还有黑色线条。

➲ 分布区域：巴西、玻利维亚的河流中。

➲ 养鱼小贴士：银板鱼喜欢吃水草类的饵料。

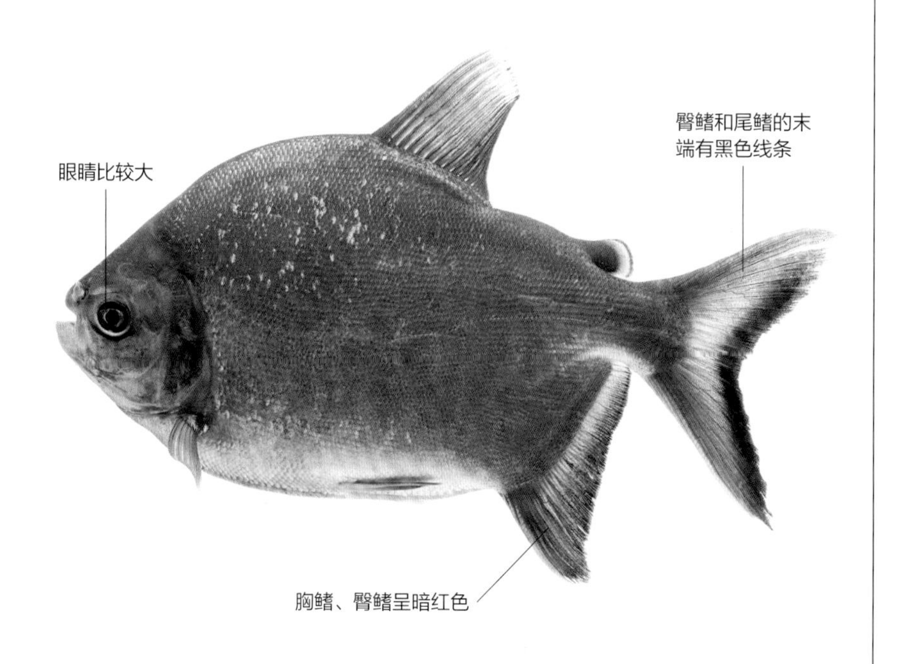

食性：草食	性情：温和	鱼缸活动层次：上层和中层

科：脂鲤科
别称：无　　体长：5 厘米

荧光灯鱼

荧光灯鱼鱼体呈半透明状，最明显的特征就是有一条桃红色细条纹从鱼的眼睛一直延伸到尾柄末端。整体颜色十分漂亮，特别是在灯光下，鱼体呈现出缤纷的色彩，荧光灯鱼喜欢在水草茂盛的空间游动。

◎ 分布区域：圭亚那的溪流中。

◎ 养鱼小贴士：荧光灯鱼喜欢酸性软水，饲养时要注意在水族箱里多布置些水草。

鱼体呈半透明状，整体颜色十分漂亮

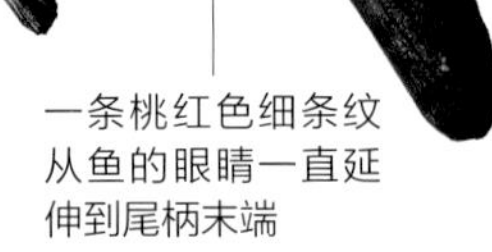

食性：杂食	性情：温和	鱼缸活动层次：全部

科：脂鲤科　　别称：无　　体长：5 厘米

黄灯鱼

黄灯鱼整体呈黄色，幼鱼鳃盖后方有淡淡的斑纹；当有光线照射时，鱼体会呈现出闪闪的光泽，黄色中带着金色；鱼体的鳍几乎都呈黄色，雄鱼的臀鳍稍微凹陷。

◎ 分布区域：巴西里约热内卢的溪流中。

◎ 养鱼小贴士：黄灯鱼喜欢群集，可以和一些小灯鱼和波鱼混养。

整体呈黄色

鳍呈黄色

雄鱼的臀鳍稍微凹陷

食性：杂食	性情：温和，喜群集	鱼缸活动层次：中层

科：脂鲤科
别称：盲鱼、无眼鱼　　体长：9 厘米

盲眼鱼

盲眼鱼鱼体呈长形，稍侧扁；盲眼鱼幼鱼是有眼睛的，当幼鱼长到 2 个月左右，眼睛才逐步退化；它是一种非常美丽的观赏鱼，身披亮银色鳞片，所有的鳍均呈奶油色。盲眼鱼其他感觉器官十分发达，在水中不会撞到其他物体，而且捕食能力一点不差，只要投入食物，盲鱼就能立即发现，并游过来吃掉。

分布区域：原产于墨西哥，北美洲、欧洲、非洲、亚洲都有分布。

养鱼小贴士：盲眼鱼喜欢弱酸性软水，需要提供适宜的水质环境。

身披亮银色鳞片

鱼体呈长形，稍侧扁

该鱼幼鱼时期有眼睛，2 个月时眼睛逐步退化

鳍呈奶油色

食性：杂食	性情：温和，喜群集	鱼缸活动层次：全部

科：脂鲤科
别称：银燕子　　体长：6 厘米

银斧鱼

银斧鱼鱼体呈银灰色，轮廓鲜明，整个形状像一把斧头，这也是银斧鱼名字的由来。银斧鱼还有一个比较明显的特征，就是在鱼体中央位置有一条细细的黑色线条横穿至尾柄末端。胸鳍比较发达，呈翼状；臀鳍相对较长；尾鳍呈深叉形。

分布区域：圭亚那、巴西的水域中。

养鱼小贴士：喜酸性的软水，受惊后会跳跃，翼状的大胸鳍划动有力，可以让他们轻松跃出水面，饲养时需加盖。

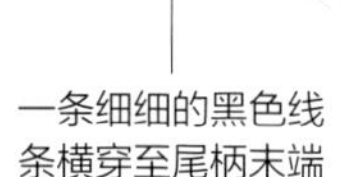

食性：肉食	性情：温和，喜群集	鱼缸活动层次：上层

科：脂鲤科　　别称：斑点突吻脂鲤　　体长：10 厘米

斑点倒立鱼

斑点倒立鱼鱼体基色是银色，最明显的特征就是鱼体上布满了黑色斑点。成鱼鱼体修长，从吻部开始有一条黑条纹穿过眼睛，直至鳃盖；鱼头尖，前额陡然上扬；背鳍呈正方形且有黑色斑点，鳍的上角呈黑色。

分布区域：南美洲厄瓜多尔、秘鲁、哥伦比亚、巴西、苏里南、圭亚那的溪流中。

养鱼小贴士：喜食附着于石块之上的藻类或小型无脊椎动物。

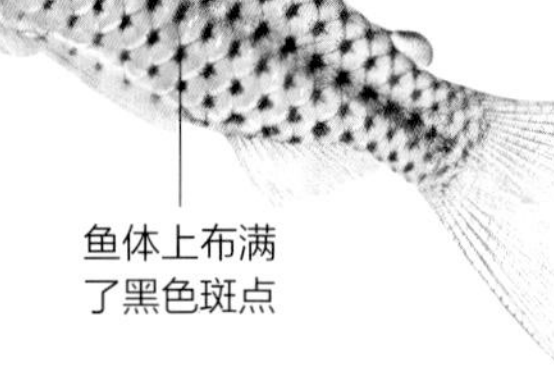

食性：杂食	性情：胆小	鱼缸活动层次：中层和底层

科：脂鲤科
别称：无　　体长：7 厘米

钻石灯鱼

钻石灯鱼鱼体呈银灰色，最明显的特征就是眼眶上有一个红色斑点。另外，幼鱼鱼体上还有一条长长的黑色条纹，从头部一直延伸到尾柄末端的位置。鱼体上点缀着银色鳞片，在灯光的照射下十分美丽。背鳍会因性别不同而有所不同，通常雄鱼背鳍比雌鱼要高大。

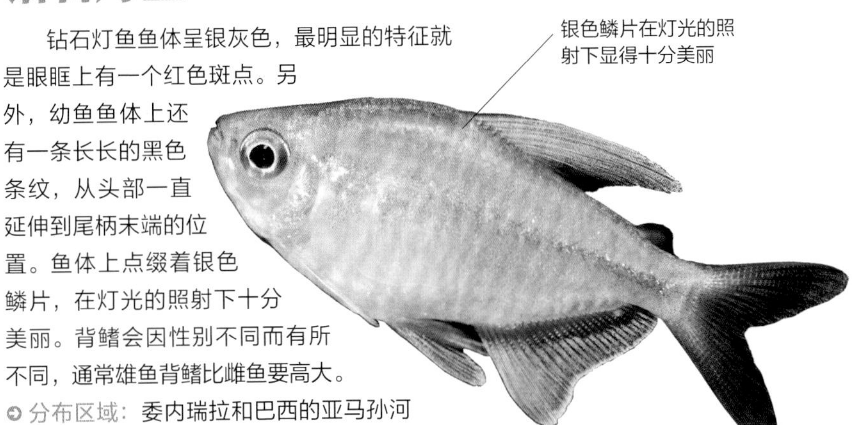

分布区域：委内瑞拉和巴西的亚马孙河流域。

养鱼小贴士：钻石灯鱼喜欢群集，活泼好动，饲养时需要准备较大的活动空间。

食性：杂食	性情：温和，喜群集	鱼缸活动层次：中层

科：食人鱼科
别称：食人鱼　　体长：30 厘米

红肚食人鱼

红肚食人鱼鱼体主要呈深灰色和橘红色，其中腹部下方和臀鳍部位呈橘红色，其他部位大致上呈深灰色；头部不大，下颌前突，有锐利的牙齿，鳞片像闪耀的银片，比较漂亮，但在不同生长时期，鱼体特征也不尽相同。红肚食人鱼好斗，体型也比较大。

➲ 分布区域：美国的普拉特河盆地水域中。

➲ 养鱼小贴士：在饲养的时候应为它准备较大的活动空间，并且因它具有一定的危险性，因此在饲养的时候一定要注意安全。

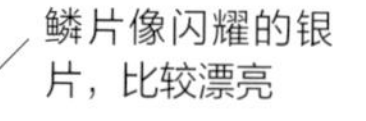

鱼体主要呈深灰色和橘红色

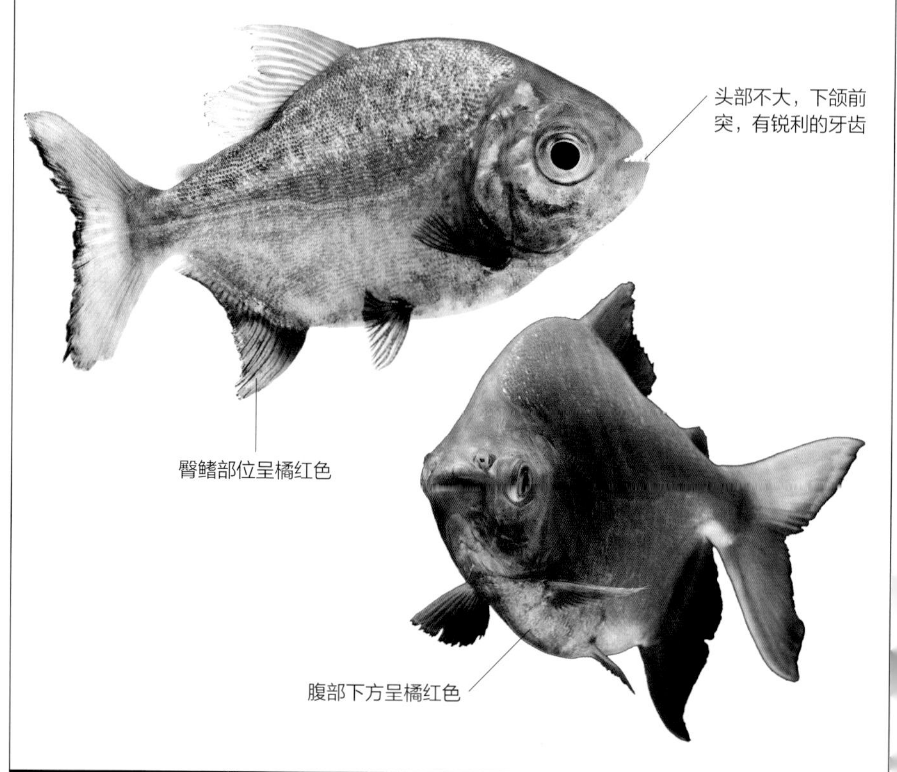

食性：肉食	性情：好争斗	鱼缸活动层次：中层和底层

科：丽鱼科
别称：鸡冠袖珍慈鲷　　体长：8 厘米

白鹦短鲷

白鹦短鲷鱼体呈黑色；鱼体最明显的特征就是它的背鳍上有十多根向外延伸的锋利鳍条；另外，还有一条黑绿色的条纹贯穿鱼体，从鳃盖后方一直延伸到尾柄末端；鳞片呈不规则的灰色和暗绿色；尾鳍颜色鲜艳，分布着黄色和黑色斑纹。

一条黑绿色的条纹贯穿鱼体，从鳃盖后方一直延伸到尾柄末端

➲ 分布区域：亚马孙的溪流中。

➲ 养鱼小贴士：建议把一条雄鱼与几条雌鱼养在一个中等大小的鱼缸中。

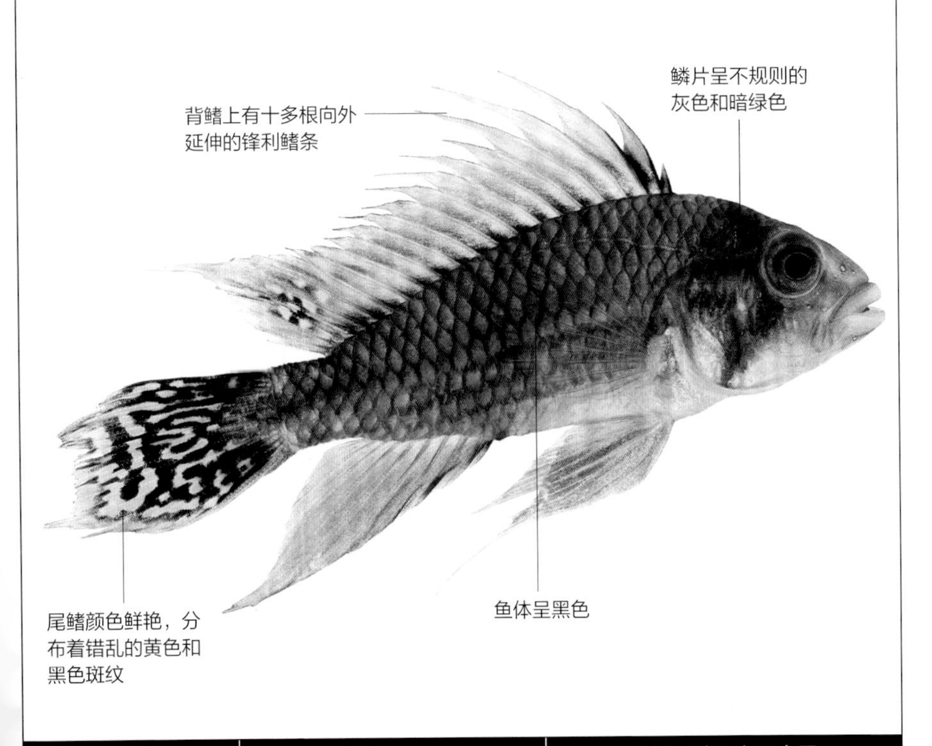

食性：肉食	性情：温和	鱼缸活动层次：底层

科：丽鱼科

别称：金眼鲷　　体长：8 厘米

金眼袖珍慈鲷

金眼袖珍慈鲷的鱼体呈黄色，体色会随着情绪的变化而变化；头部较圆，眼睛比较大，眼眶周围是金色的；鱼体最明显的特征就是它的背鳍上有十多根向外延伸的锋利鳍条；鳞片错落分布，闪闪发亮，十分美观；尾鳍颜色相对较淡，呈扇形。

➲ 分布区域：南美洲的溪流中。

➲ 养鱼小贴士：在雌鱼产卵时鱼体会出现斑纹，因此应注意观察产卵期。

头部较圆

背鳍上有十多根向外延伸的锋利鳍条

尾鳍颜色相对较淡，呈扇形

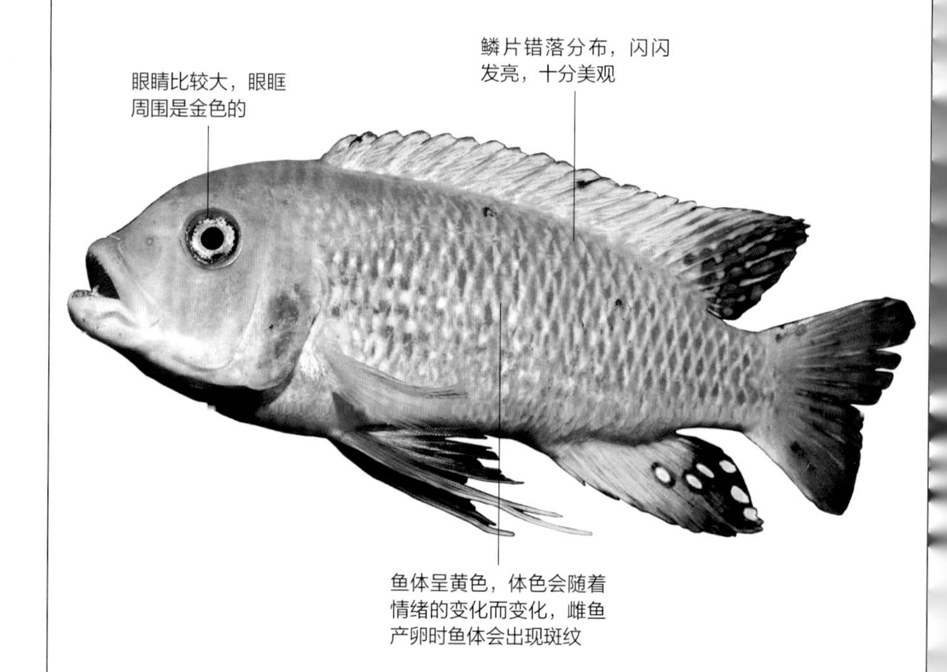

食性：肉食	性情：温和	鱼缸活动层次：底层

科：丽鱼科
别称：无　　体长：23 厘米

金平齿鲷

金平齿鲷鱼体修长，体色并非一成不变，不同时期会有不同变化，通常情况下呈蓝绿色；在侧腹部的中央部位有一块黑色斑块，头部较大，眼睛也比较大，呈黑色，眼眶有橘色边缘；随着鱼龄的增大，头部会变得高低不平；尾鳍呈扇形。

◎ 分布区域：南美洲厄瓜多尔、秘鲁的水域中。

◎ 养鱼小贴士：金平齿鲷好争斗，富有攻击性，不宜混养。

食性：杂食	性情：好争斗	鱼缸活动层次：中层和底层

科：丽鱼科　　别称：非洲慈鲷　　体长：13 厘米

非洲凤凰

非洲凤凰的幼鱼鱼体呈鲜黄色，身体上半部分有两条黑色条纹从吻部一直延伸到尾鳍，背鳍上也有一条黑色条纹；雄鱼在幼鱼时期也呈鲜黄色，成熟之后腹部则变成了深褐色，体侧有一条发出金色光芒的浅蓝色条纹，从腮盖后缘延伸到尾柄末端。

◎ 分布区域：非洲马拉维湖。

◎ 养鱼小贴士：非洲凤凰好斗，有很强的领地意识，饲养的时候最好不要混养。

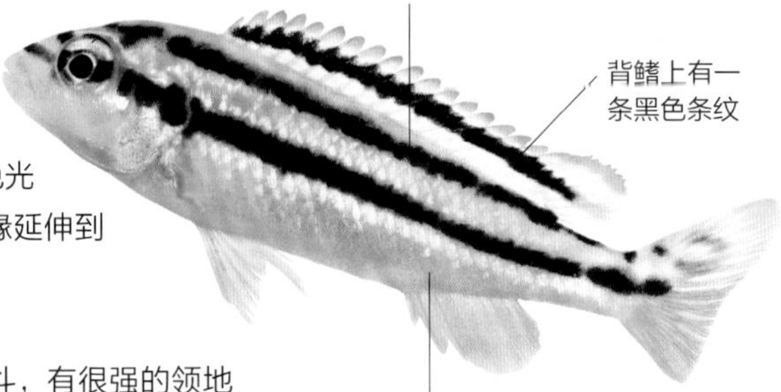

雌鱼体上半部分有两条黑色条纹从吻部一直延伸到尾鳍

背鳍上有一条黑色条纹

雌鱼鱼体呈鲜黄色，雄鱼在幼鱼时期也呈鲜黄色，成熟之后腹部则变成深褐色

食性：杂食	性情：好争斗	鱼缸活动层次：中层和底层

科：丽鱼科
别称：袖珍蝴蝶鲷、拉氏彩蝴蝶鲷　体长：7 厘米

七彩凤凰

七彩凤凰的鱼体呈蓝色；臀鳍、尾鳍和背鳍为浅红色，且上面有蓝色发光斑点；腹鳍为红色，带黑色边缘；身体后半部分和鳍条呈深浅不一的蓝色；鳃盖上有一块黄斑，一条黑带贴眼而过。雄鱼鳍上有漂亮红边，背部有黑斑；雌鱼腹部膨大，活动时身体摇摆，体色较淡。

◎ 分布区域：南美洲委内瑞拉和哥伦比亚的溪流中。

◎ 养鱼小贴士：日常饲养时，水族箱要增加过滤设施，保持水质不受污染，还可在水箱底部放些鹅卵石，使水质更加清澈。

食性：肉食	性情：胆小	鱼缸活动层次：中层和底层

科：钉口鱼科　别称：亲吻鱼、香吻鱼　体长：20 厘米

接吻鱼

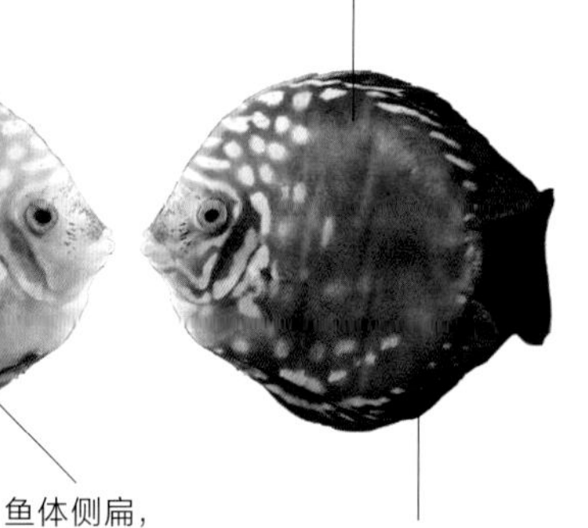

接吻鱼鱼体侧扁，呈卵形，鱼体天然颜色是银绿色，另外还有人工饲养的品种。雄鱼在繁殖期体色会由粉红变为紫红，身体较雌鱼小，雌鱼腹部肥圆。接吻鱼会用有锯齿的嘴亲吻同伴，但是这并非是鱼之间的爱情，可能是一种领地争斗。性成熟年龄为 6 个月，因其奇怪的动作而受到人们的欢迎，观赏性较高。

◎ 分布区域：印度尼西亚、泰国、马来西亚。

◎ 养鱼小贴士：其生长速度快，需要足够的生长空间。体质强壮，不易患病，饵料以活食为主。

食性：杂食	性情：温和	鱼缸活动层次：全部

科：丽鱼科
别称：矛耙丽鱼、蓝突颌丽鱼　　体长：10 厘米

淡腹鲷

淡腹鲷鱼体为半透明状，最明显的特征是有一条黑色线条从鱼体吻部穿过眼部一直延伸到尾鳍的中央位置；在鱼的下颌处有一块蓝绿色斑纹；腹部位置有一大块粉色斑块。雄鱼的腹鳍较大，呈浅粉色，背鳍比较尖，尾鳍上有面积不大的黑色斑块；雌鱼的腹部比雄鱼的丰腴。

➲ 分布区域：非洲尼日尔河三角洲流域。

➲ 养鱼小贴士：水的酸碱值会对同次产卵的两性比例有影响。

雄鱼的背鳍比较尖

雄鱼的腹鳍较大，呈浅粉色

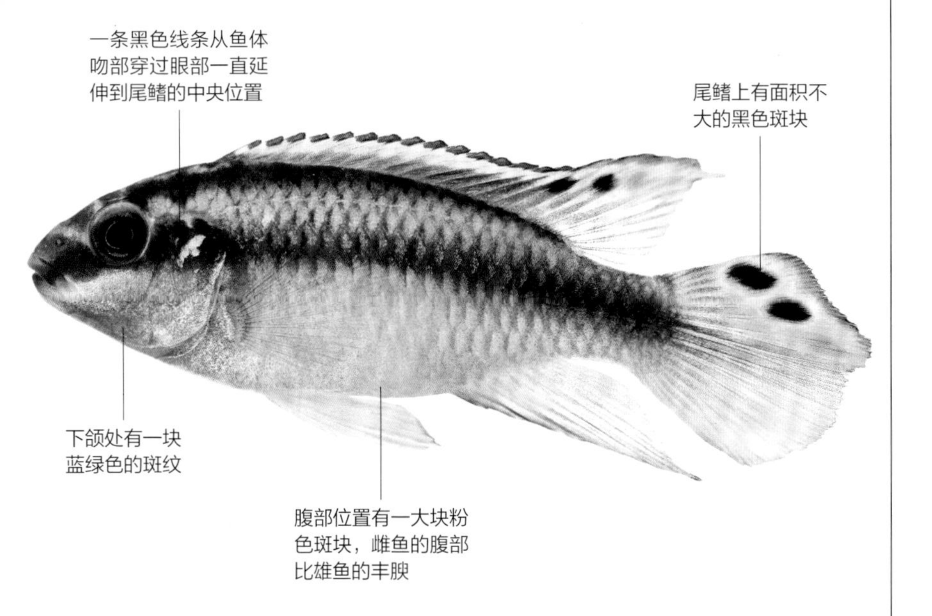

食性：杂食	性情：温和	鱼缸活动层次：中层和底层

科：丽鱼科
别称：地图鱼、黑猪、红猪鱼　　体长：30 厘米

猪仔鱼

猪仔鱼的鱼体呈椭圆形，体高而侧扁，尾鳍扇形，鱼体基本体色是黑色、黄褐色或青黑色，体侧有不规则的橙黄色斑块和红色条纹，形似地图，因此又被叫作地图鱼。成鱼的尾柄部位会出现红黄色边缘的大黑点，形状像眼睛，可作保护色及诱敌色，使其猎物分不清前后而不能逃走。

分布区域：圭亚那、委内瑞拉、巴西的亚马孙河流域。

养鱼小贴士：猪仔鱼的生长速度很快，需要足够的食物，并且需要定时全部换水。

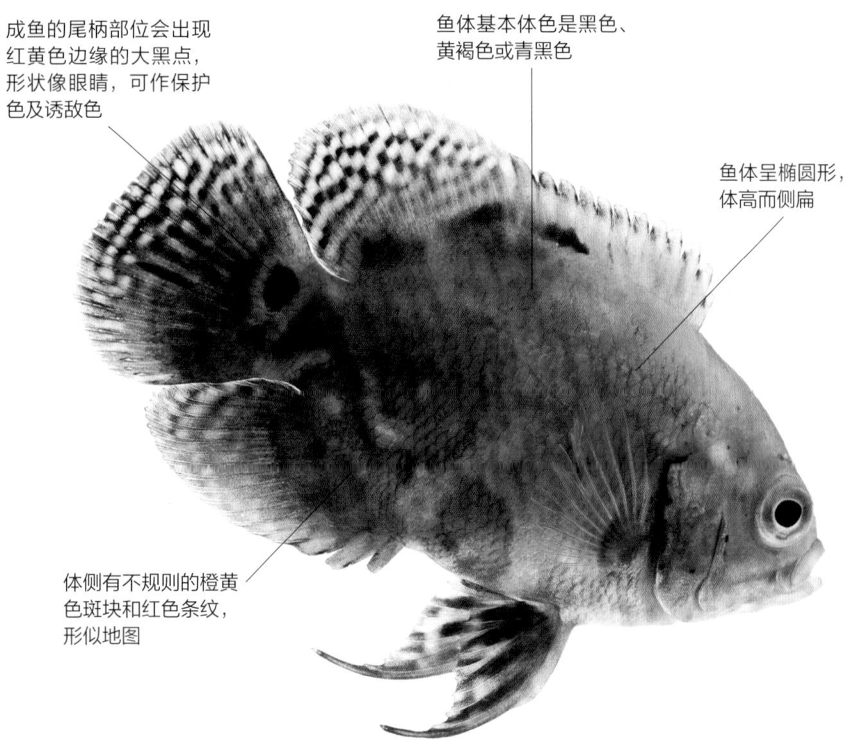

食性：肉食	性情：好争斗	鱼缸活动层次：中层和底层

科：丽鱼科
别称：红魔鬼鲷　　体长：30 厘米

麦得斯鲷

麦得斯鲷的鱼体呈亚纺锤形，鳍形一般。麦得斯鲷体色多变，由灰白变黄褐、橙红到鲜红色；成鱼有的有大黑斑点，有的头部隆起呈瘤状，活泼敏捷，性情凶恶。

◎ 分布区域：墨西哥、尼加拉瓜的溪流中。

◎ 养鱼小贴士：适合在有水草和沉木的水族箱里饲养，且不宜混养。另外，麦得斯鲷喜食动物性饵料，它属于卵生。

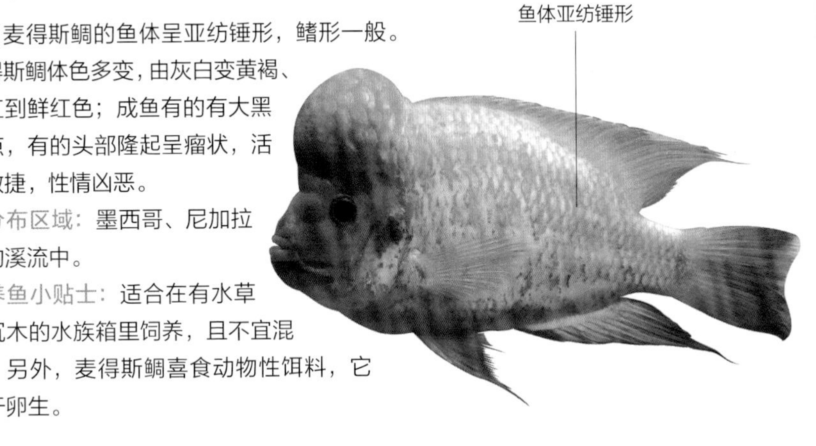

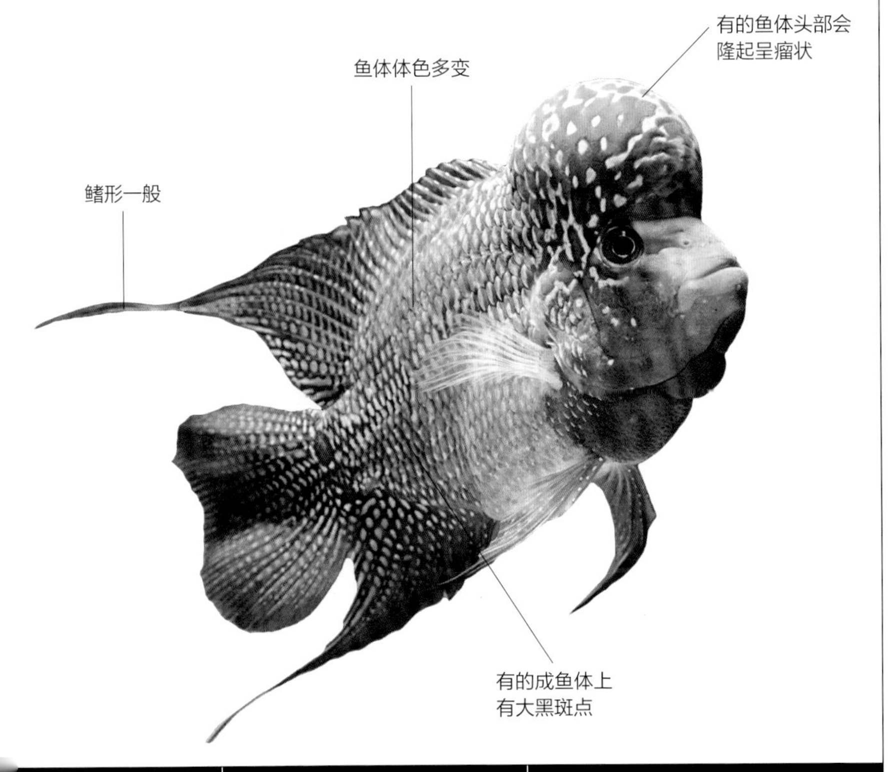

食性：肉食	性情：好争斗	鱼缸活动层次：中层和底层

科：丽鱼科
别称：燕鱼、天使　　体长：13 厘米

神仙鱼

神仙鱼基本体色是银灰色，头部呈三角形，吻部略尖，向前凸出，整个头部的轮廓十分平直，眼睛部位有一条黑色线条穿过，一直延伸到腹部位置。鱼体最明显的特征是它的鳍，腹鳍细长，像丝带一样；整个臀鳍像飞机的机翼，并且臀鳍上有鳍条分布。神仙鱼整体外形像风筝一样，显得飘逸美观。

➲ 分布区域：南美洲亚马孙与内格罗河水域。

➲ 养鱼小贴士：有领地意识，对水质也没有特殊要求，但最好不要和小型鱼类混养。

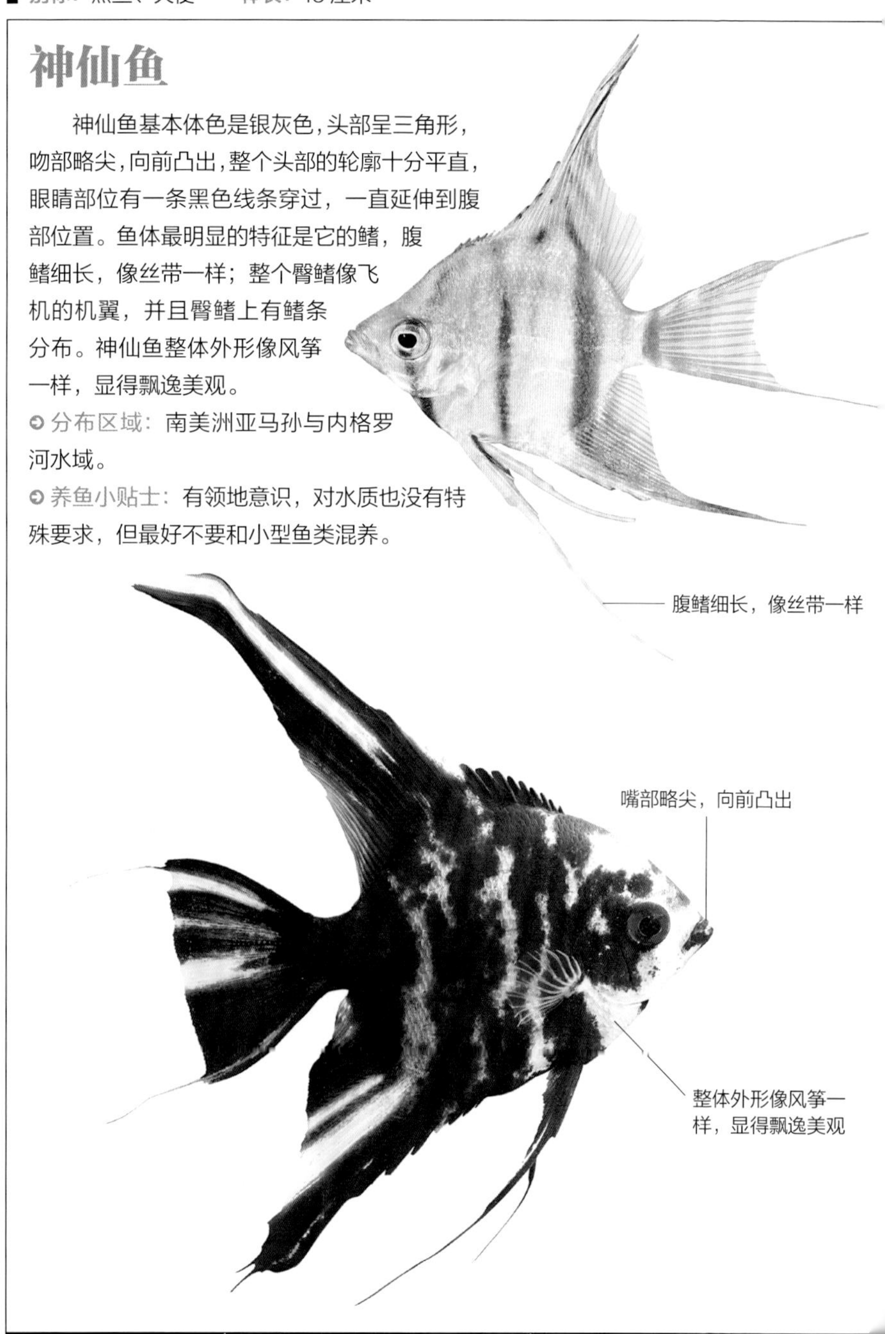

食性：杂食	性情：温和	鱼缸活动层次：全部

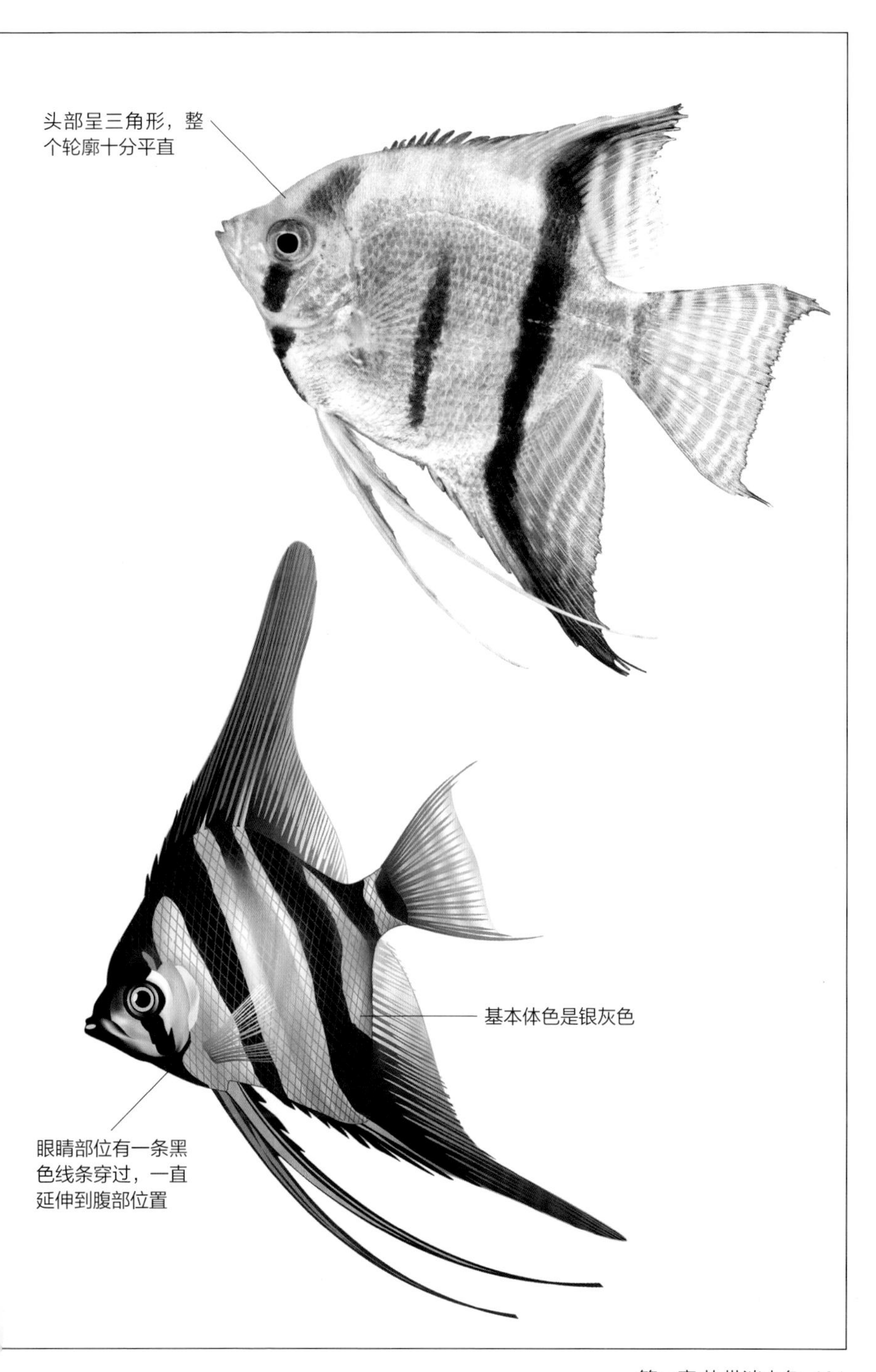
头部呈三角形，整
个轮廓十分平直
基本体色是银灰色
眼睛部位有一条黑
色线条穿过，一直
延伸到腹部位置

科：丽鱼科
别称：无　　体长：30 厘米

老虎慈鲷

老虎慈鲷的鱼体颜色并非一成不变，而是会随着鱼龄的增大而发生变化；幼鱼体色呈银绿色，鱼体上分布着若干道深色的直条纹；雄性成鱼体色呈深黄绿色，鱼体上有黑色斑块分布，胸鳍无色，所有鳍上都分布着密集的深色斑点。老虎慈鲷会在水箱的底沙中吃水草，性情温和但有领地观念。

➲ 分布区域：非洲尼日尔到喀麦隆的内陆水域。

➲ 养鱼小贴士：老虎慈鲷的腹部出现凹陷，并非是不健康的迹象。

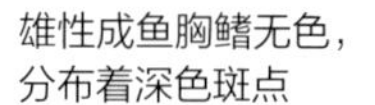
雄性成鱼胸鳍无色，
分布着深色斑点

食性：杂食	性情：温和，有领地观念	鱼缸活动层次：中层和底层

科：丽鱼科

别称：米氏丽体鱼、红胸花鲈　　体长：15 厘米

红肚火口鱼

红肚火口鱼的鱼体呈纺锤形，体稍高略扁，最明显的特征就是张开大嘴会出现一口血红色，这就是它名字的来源。吻部、胸部、鳍上都有红色斑块分布，在侧腹部位置有一块面积较大的黑色斑块，背鳍和臀鳍的基部长，较尖。

分布区域：墨西哥和危地马拉的溪流中。

养鱼小贴士：有时会攻击其他鱼，适宜饲养在水草茂密的鱼缸中，可以和其他体型大的鱼混养。

背鳍基部长，较尖

臀鳍的基部长，较尖

食性：肉食	性情：温和	鱼缸活动层次：中层和底层

科：丽鱼科
别称：无　　体长：15 厘米

孔雀鲷

孔雀鲷随着鱼龄的增长所有的鳍都会拉长。在繁殖期间，如果雌鱼没有发情的话，雄鱼往往会追杀雌鱼，因此在繁殖期间饲养者需要仔细观察雌鱼的性成熟状态和抱卵状态。在饲养的时候最好和比它体型大的大型或者中型鱼一起混养。

◎ 分布区域：非洲东部马拉维湖的岩石区。

◎ 养鱼小贴士：孔雀鲷有领地观念，它们喜欢在洞穴或者比较黑暗的地方生活，人工饲养的时候应该给他们准备比较黑暗且安静的生存环境。

随着鱼龄的增长鳍会拉长

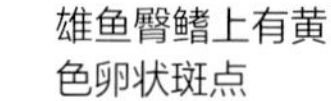

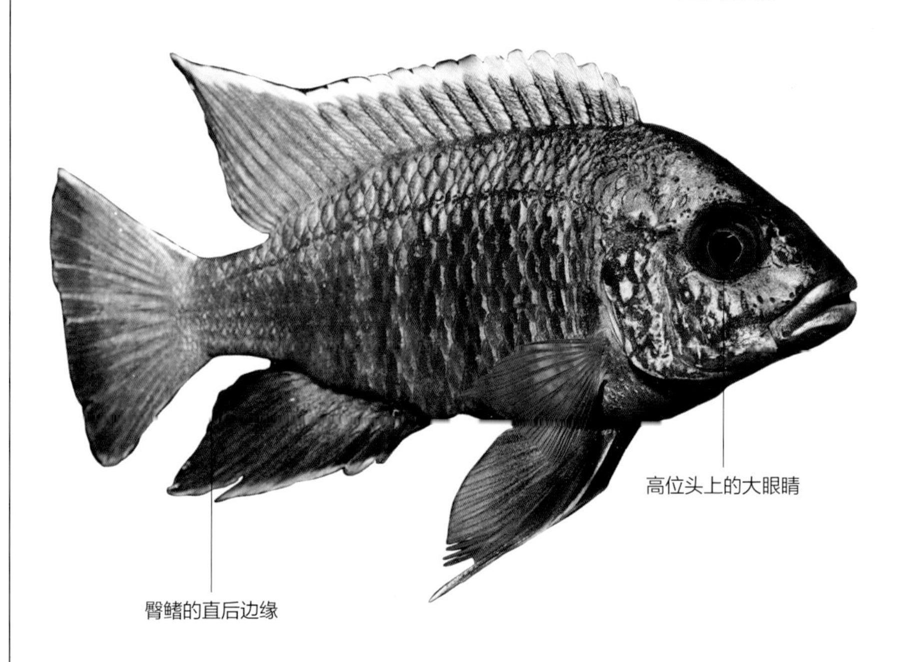

食性：杂食	性情：好争斗	鱼缸活动层次：中层和底层

科：丽鱼科
别称：三湖慈鲷　　体长：9 厘米

柠檬慈鲷

柠檬慈鲷的鱼体基本上呈鲜黄色，头部不大，吻部稍微前凸，眼睛比较大。在眼睛下方位置有一块面积不大的斑块，呈淡红色；背鳍基部很长；腹鳍后拖；尾鳍较宽，扁平。

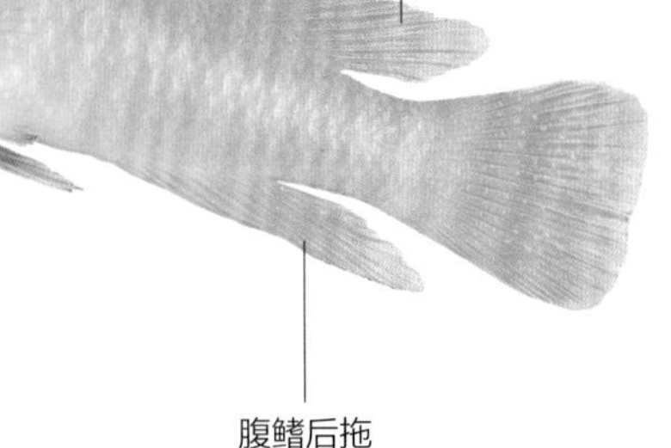

◎ 分布区域：非洲坦噶尼喀湖有岩石的浅水区。

◎ 养鱼小贴士：柠檬慈鲷虽然是肉食鱼类，但是性情温和，可以进行混养。

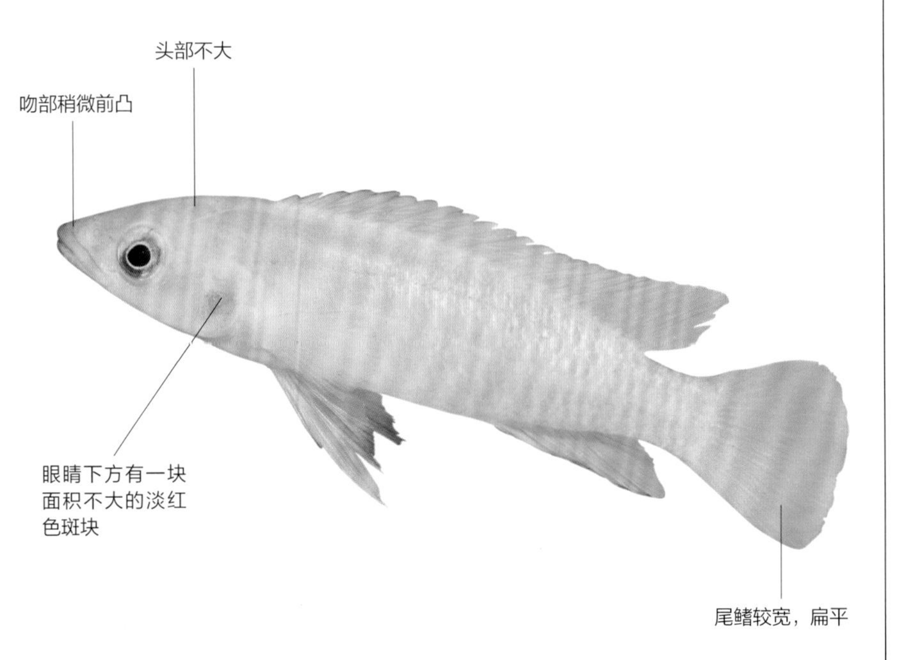

食性：肉食	性情：温和	鱼缸活动层次：底层

科：丽鱼科

别称：黄唇色鲷　　体长：14 厘米

非洲王子

非洲王子有像鲈鱼一般典型的鲈形目体型，体色有黄、蓝等颜色，五彩缤纷，非常鲜艳夺目。雌雄同形，雄性个体稍大，弱势鱼会在受强势鱼压制的情况下身体部位会发黑。

像鲈鱼一般典型的鲈形目体型

◎ 分布区域：非洲马拉维湖。

◎ 养鱼小贴士：在饲养的时候以珊瑚砂垫底，再配以珊瑚礁，这样能产生海水鱼缸的效果。喜食昆虫幼虫、水蚯蚓、小鱼虾、碎肉，人工饲料也能迅速适应。

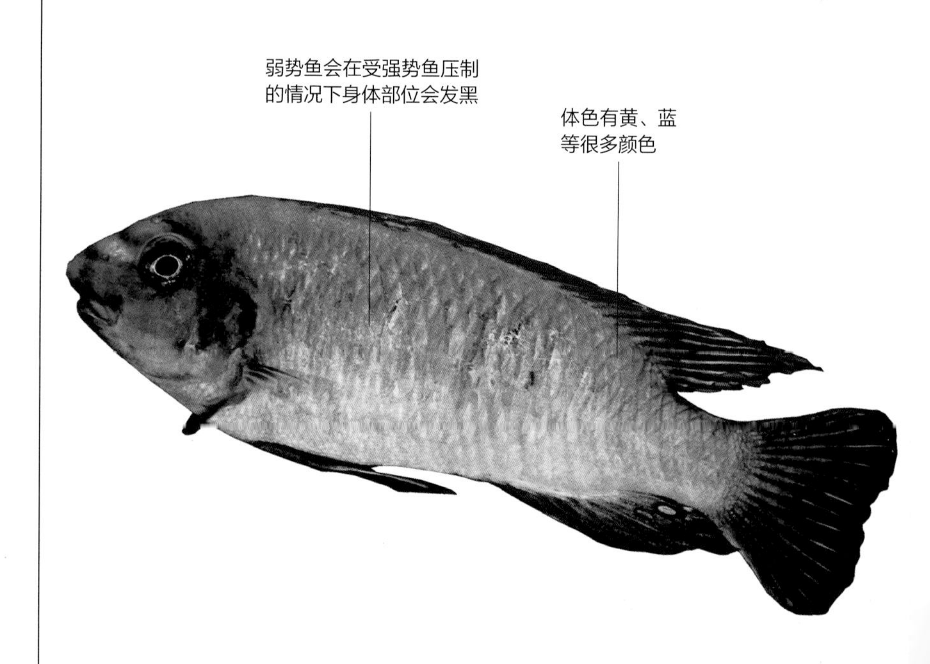

食性：肉食	性情：好争斗	鱼缸活动层次：底层

科：丽鱼科
别称：无　　体长：15 厘米

斑马雀

斑马雀的鱼体呈淡蓝色，背部有很多条颜色较深的条纹纵向排列，把鱼鳞衬托的十分漂亮。雌性斑马雀和雄性斑马雀容易区分，虽然它们的体色是一样的，但是雄性斑马雀的体色要更深一些，而雌性斑马雀身上则带有斑点。

雄鱼的体色要深一些

● 分布区域：非洲马拉维湖。

● 养鱼小贴士：斑马雀好斗，有领地观念，不建议混养。

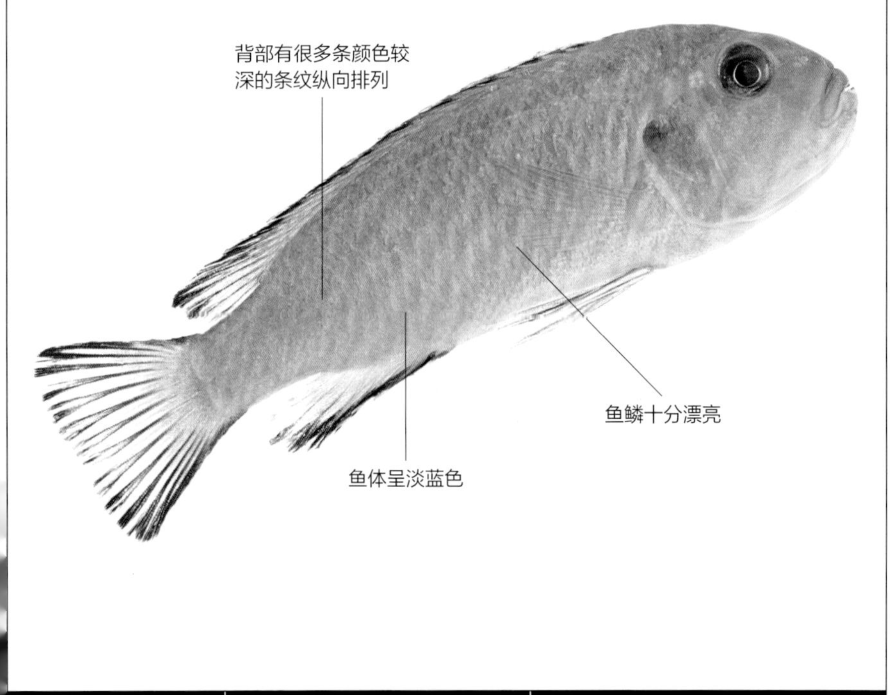

食性：杂食	性情：好争斗，有领地观念	鱼缸活动层次：中层和底层

科：丽鱼科
别称：大口鲷、红翅马面天使　　体长：30 厘米

大嘴单色鲷

大嘴单色鲷鱼体的最大特点就是从肚子到眼睛下面部分呈黑色，身体侧面具有黑色水平线。雌鱼始终会保持上述条纹和颜色，不会出现其他色彩；雄鱼在个体成熟后才会变色，成年鱼的体色呈蓝色，肚子呈黄色，衰老期则呈紫色。

➲ 分布区域：非洲马拉维湖。

➲ 养鱼小贴士：可以与体形大小差不多的鱼混养，但不能和小型鱼一起混养，它们会捕猎小鱼。

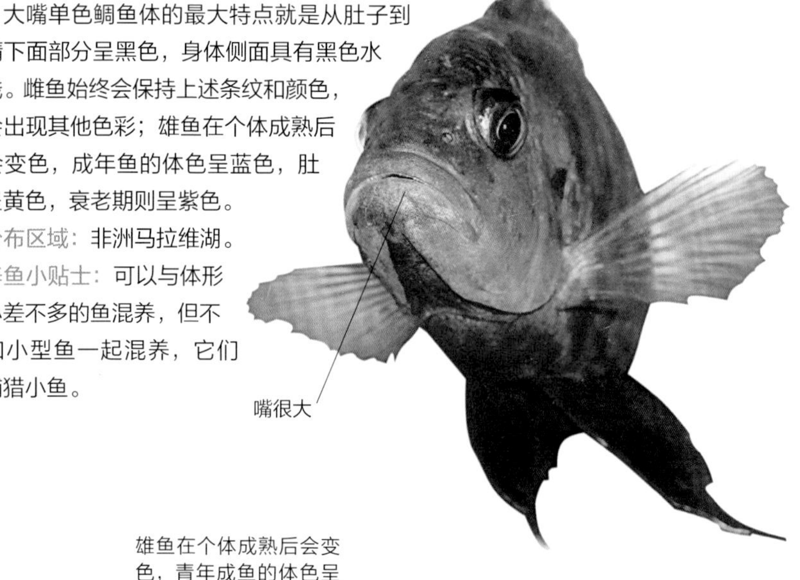

食性：肉食	性情：好争斗	鱼缸活动层次：中层

科：攀鲈科
别称：攀木鱼、攀鲈、步行鱼、过山鲫　　体长：25 厘米

攀木鲈

攀木鲈鱼体侧扁延长略呈长方形，无须，有平行背缘中途断裂的侧线；吻两侧泪骨及鳃盖缘有锯齿；体表底灰色略带灰绿，有硬而厚的栉鳞；背鳍及臀鳍各有硬棘，体后方有许多黑色散点，腹部略淡，鳃盖两强棘间及尾鳍中央各有一黑斑，体侧有约 10 条黑绿色横纹；尾柄短而侧扁，尾鳍圆；鱼的体色会受生活环境影响，有银灰色的，也有金黄色的。

背鳍有硬棘

体色灰色略带灰绿

➲ 分布区域：中国南方以及东南亚、南亚地区。

➲ 养鱼小贴士：这种鱼会跳跃，应该饲养在坚固的鱼缸中，还要加上盖子。

食性：肉食	性情：温和，有领地观念	鱼缸活动层次：全部

科：斗鱼科
别称：泰国斗鱼、五彩搏鱼　　体长：6 厘米

暹罗斗鱼

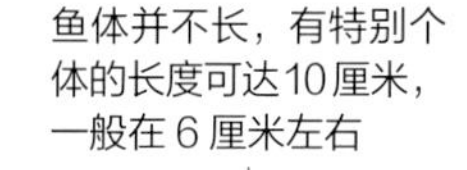

遢罗斗鱼的个体长度可达 10 厘米，一般体长约 6 厘米，以好斗闻名，两雄相遇必定来场决斗，相斗时张大腮盖和鱼鳍，用身体互相撞击挑衅，然后用嘴互相撕咬，因此在饲养中，不能把 2 条以上的成年雄鱼放养在 1 个鱼缸中。

➲ 分布区域：泰国。

➲ 养鱼小贴士：不与其他的热带鱼相斗，但是建议单养，喜食水蚤、线虫、血虫等活体饲料。

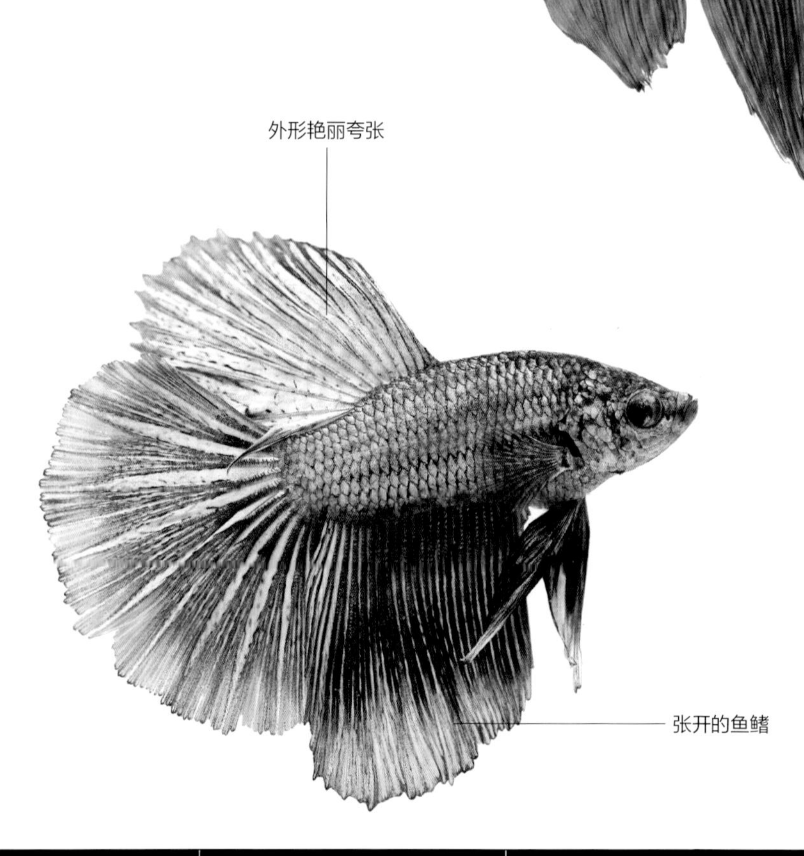

食性：杂食	性情：好争斗	鱼缸活动层次：全部

科：斗鱼科
别称：桃核鱼、小丽丽鱼、蜜鲈、加拉米鱼　　体长：5 厘米

电光丽丽

电光丽丽的体形呈长椭圆形，侧扁，头大，眼大，翘嘴。雄鱼头部呈橙色，嵌黑眼珠红眼圈，鳃盖上有蓝色斑，躯干部有橙蓝色条纹，背鳍、臀鳍、尾鳍上饰有红、蓝色斑点，镶红色边；雌鱼体色较暗，呈银灰色，但也缀有彩色条纹，腹鳍胸位有 2 根长丝体，鳃盖上部边缘不整齐，呈艳蓝色，从鳃盖末端直到尾柄基部为红蓝相间的纵向宽条纹。

分布区域：印度东北部。

养鱼小贴士：可以和其他鱼类一起饲养，但是交尾后雄鱼会与雌鱼争斗，也会与其他靠近巢穴的鱼争斗。

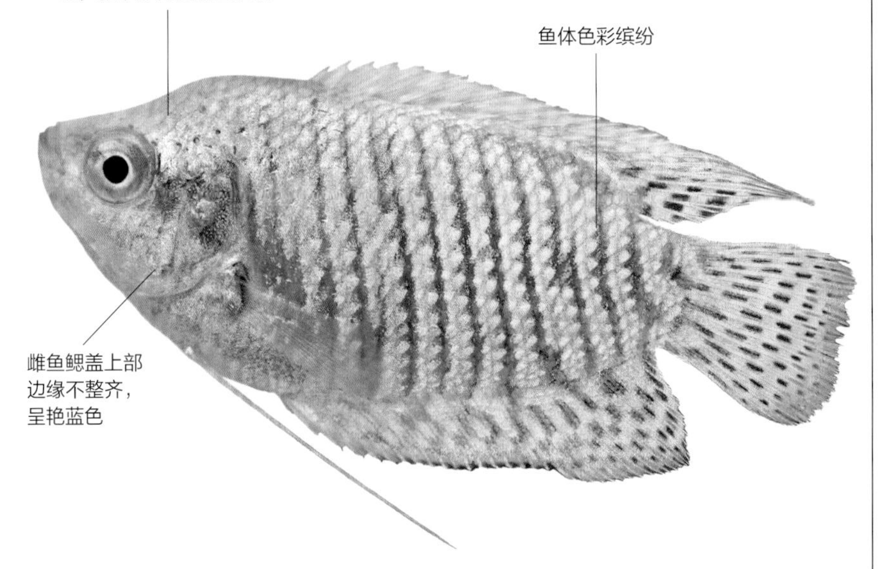

食性：杂食	性情：温和	鱼缸活动层次：全部

科：丝足鲈科
别称：彩兔　　体长：60 厘米

丝足鱼

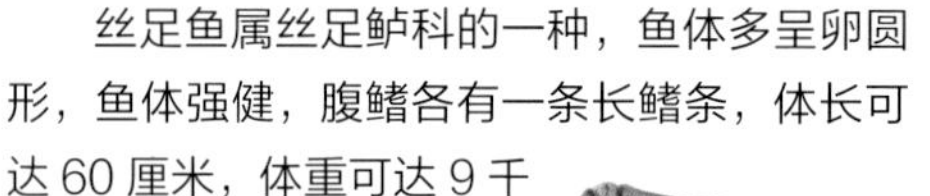

丝足鱼属丝足鲈科的一种，鱼体多呈卵圆形，鱼体强健，腹鳍各有一条长鳍条，体长可达 60 厘米，体重可达 9 千克。幼鱼呈淡红褐色，有黑色条纹；成鱼鱼体呈褐色或灰色，其中腹部颜色较淡。

➲ 分布区域：东南亚地区的水域中。

➲ 养鱼小贴士：幼鱼比成鱼有攻击性，生长速度快，适宜与大鱼饲养在一起。

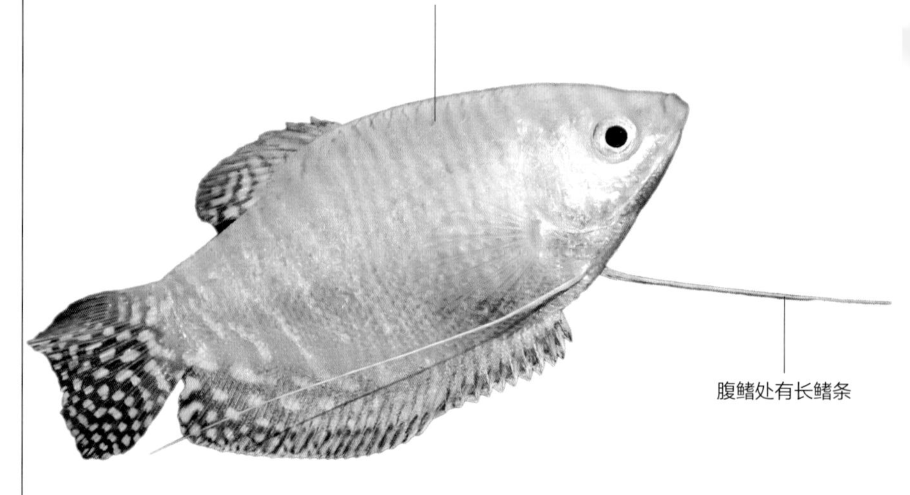

食性：草食	性情：温和	鱼缸活动层次：全部

科：斗鱼科
别称：珍珠鱼、珍珠丽丽、马赛克丽丽　　体长：11 厘米

蕾丝丽丽

蕾丝丽丽鱼体呈银白色，有一条黑色条纹从鱼体的吻部穿过眼部延伸至尾柄，腹鳍呈线状，臀鳍很长；雄鱼臀鳍上有延伸的丝状物鳍条；喉部呈橘黄色。蕾丝丽丽饲养难度不大，喜食红虫等动物性饵料。

分布区域：印度尼西亚、泰国、马来西亚。

养鱼小贴士：在发情时会变得较为粗暴，会攻击其他鱼类。饲养的时候可布置水草供其隐蔽和休息。

鱼体颜色呈银白色

腹鳍呈线状

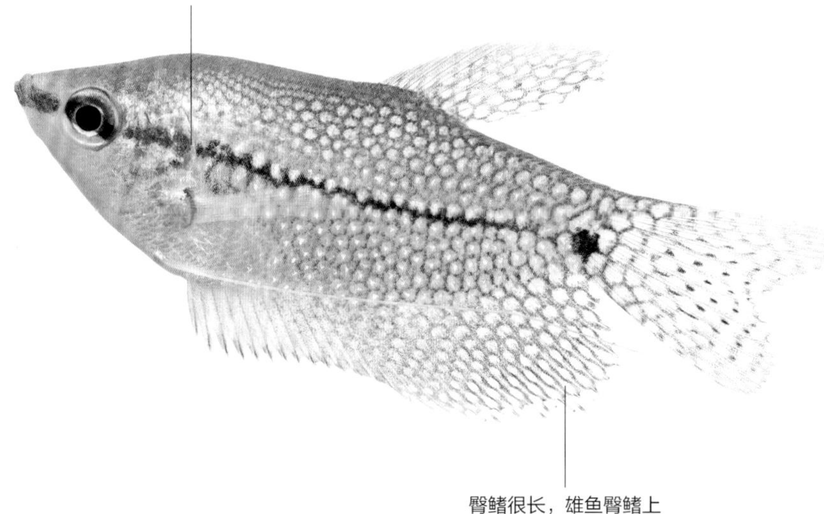

食性：杂食	性情：温和	鱼缸活动层次：上层和中层

科：鳉科
别称：五彩琴尾鱼　　体长：8 厘米

钢青琴尾鳉

钢青琴尾鳉的鱼体呈尖梭形，体长可达 8 厘米；嘴部尖，呈鲜红色；体表呈粉红和橙黄色；体侧有红色斑点；鳃盖有红色花纹；背鳍上部呈红色，下部呈棕色；臀鳍底部呈红色，边缘呈黑色；尾鳍呈蓝色或棕色，上下叶边缘呈红色或白色。钢青琴尾鳉鱼体颜色丰富多彩，十分漂亮，观赏性高。

◎ 分布区域：非洲尼日利亚的溪流中。

◎ 养鱼小贴士：饵料以鱼虫为主，宜单养。

食性：杂食	性情：温和	鱼缸活动层次：上层

科：棘甲鲇科
别称：刺甲鲇、说话鲇、巧克力鲇鱼　　体长：15 厘米

沟鲇

沟鲇的鱼体长；吻呈锥形，向前凸出；口下位，呈新月形；唇肥厚；眼小；嘴部有 4 对细小的须；鱼体无鳞；背鳍及胸鳍的硬刺后缘有锯齿，脂鳍肥厚，尾鳍深分叉；体色粉红，背部稍带灰色，腹部白色，鳍为灰黑色。

➲ 分布区域：南美洲亚马孙和奥里诺科地区。

➲ 养鱼小贴士：水温在20℃以下时，沟鲇的摄食量会减少，生长速度放慢。一般的饵料即可喂养。

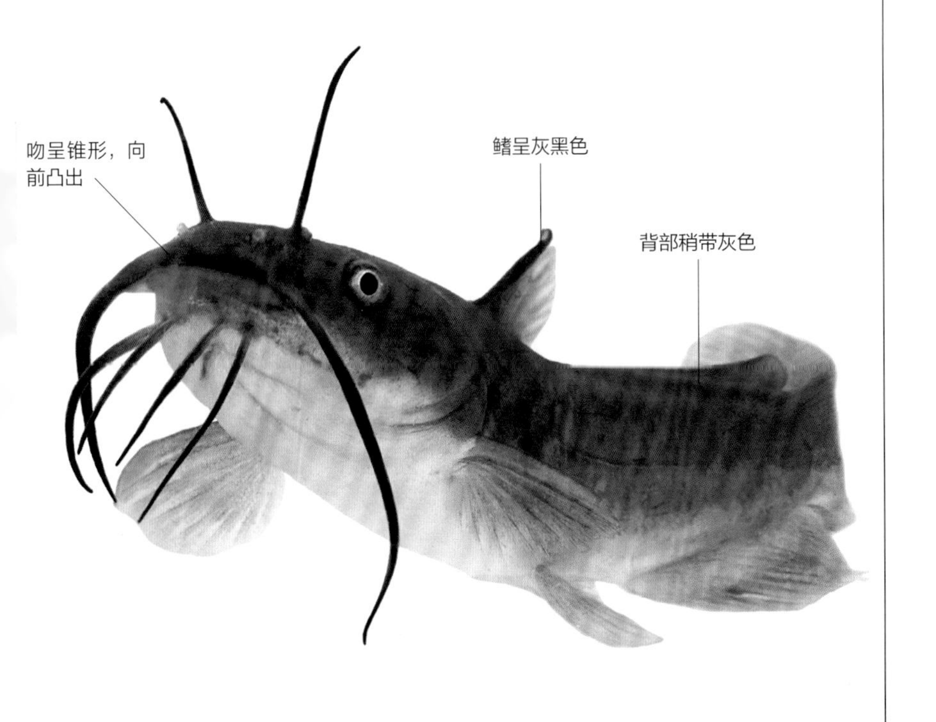

食性：杂食	性情：温和	鱼缸活动层次：底层

科：项鳍鲇科
别称：萨莫拉木猫　　体长：13 厘米

午夜鲇

午夜鲇吻长体长，吻向前凸出，口下位，唇肥厚，眼小，嘴部有细小的须；体色呈深灰色，表面有闪光的白斑；腹部颜色较淡；背鳍上有深色的大块斑纹，边缘处呈白色；尾鳍呈叉形，上面分布着和背鳍类似的大块斑纹，边缘呈白色。

➲ 分布区域：南美洲地区。

➲ 养鱼小贴士：午夜鲇在夜间比较活跃，有隐居的天性。

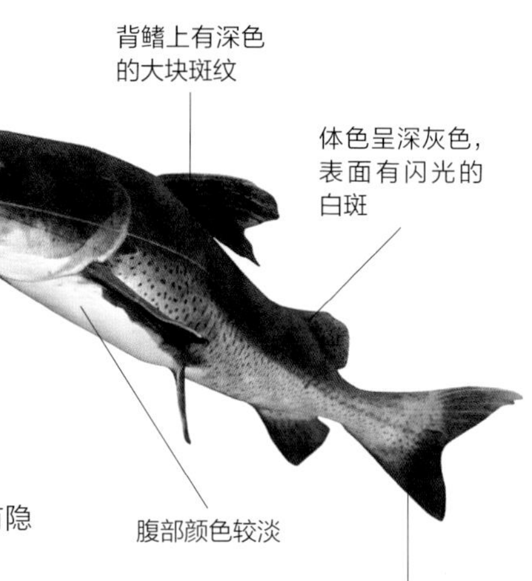

食性：杂食	性情：温和	鱼缸活动层次：底层

科：花鳉科　　别称：红箭鱼　　体长：10 厘米

剑尾鱼

剑尾鱼的鱼体呈纺锤形，自然品种的鱼体呈浅蓝绿色，雄鱼尾鳍下缘延伸出一针状鳍条，雌鱼无剑尾。剑尾鱼是水族箱中不可缺少的品种，人工育种已出现红、白、蓝等颜色。剑尾鱼容易饲养。

➲ 分布区域：墨西哥、危地马拉、洪都拉斯的溪流中。

➲ 养鱼小贴士：抗寒性较好，一般弱酸或弱碱性水质都能适应，受惊后喜跳跃，最好在水族箱顶端加上盖板。

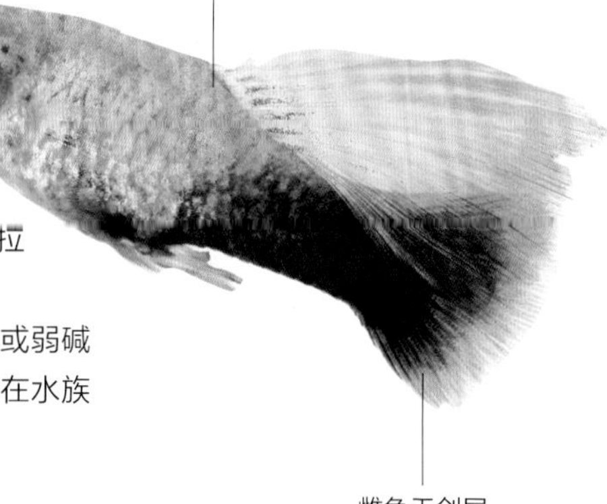

食性：杂食	性情：温和	鱼缸活动层次：全部

科：甲鲇科
别称：清道夫、琵琶鱼　　体长：30 厘米

吸口鲇

吸口鲇的鱼体侧宽，整体呈棕绿色，体表连同鳍上布满了灰黑色豹纹斑点，别具特色，属于“丑八怪”类观赏鱼；口下位，呈吸盘状，背鳍宽大，胸鳍和腹鳍发达，鳞片特化成相连的骨板；腹部光滑柔软，呈扁平状；尾鳍呈浅叉形。常吸附在缸壁或水草上舔食青苔，不需要专门管理。

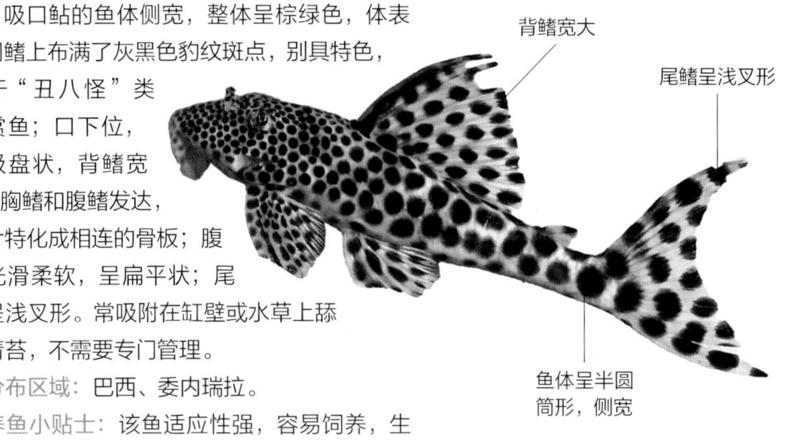

◎ 分布区域：巴西、委内瑞拉。

◎ 养鱼小贴士：该鱼适应性强，容易饲养，生长迅速，饲养时可与大型热带鱼混养。

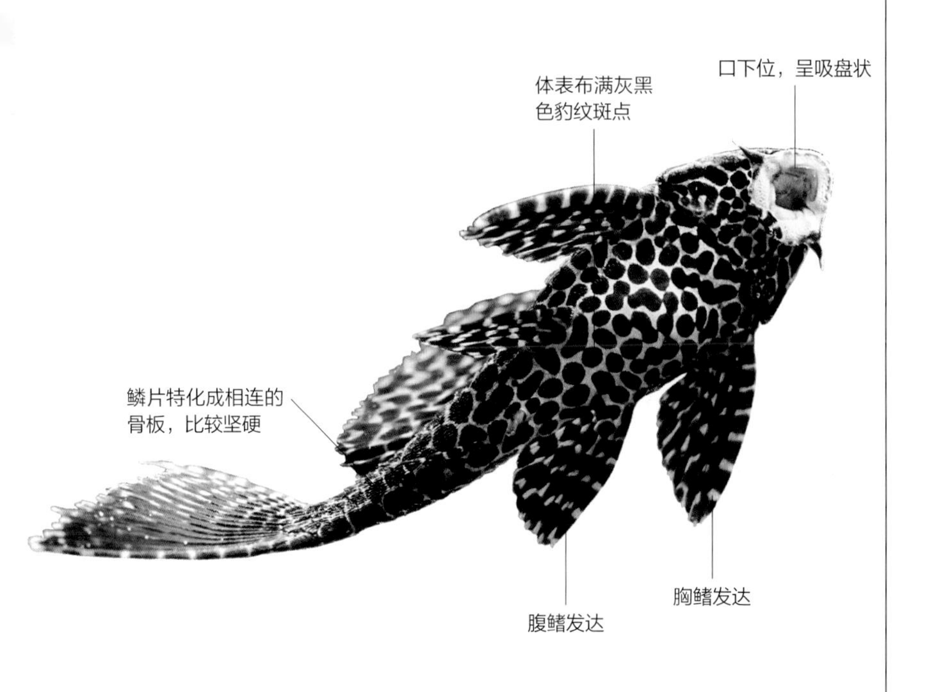

食性：草食	性情：温和	鱼缸活动层次：中层和底层

科：鲇科
别称：玻璃猫、玻璃鲇　　体长：10 厘米

玻璃鲇鱼

玻璃鲇鱼的鱼体如玻璃一样通透，带有浅蓝色光泽，可以清晰地看见鱼的背脊骨和内脏器官；嘴边有两条细短的须，向前伸长，可以辅助进食；在鳃盖后面有一块深红紫色的肩斑；背鳍未完全发育，臀鳍极长，延伸到尾鳍根部，尾鳍呈深叉形。玻璃鲇鱼的饵料有水蚤、水虹蚓、红虫、颗粒饲料等，游泳时常尾部下垂。

➲ 分布区域：泰国、印度尼西亚。

➲ 养鱼小贴士：喜欢弱碱而稍带硬度的水，喜欢藏匿于隐蔽的角落，水族箱中应适当栽植水草供其躲避。

嘴边有两条细短的须，向前伸长，可以辅助进食

鳃盖后面有一块深红紫色的肩斑

鱼体如玻璃般通透，带有浅蓝色光泽，可以清晰地看见鱼的背脊骨和内脏器官

尾鳍呈深叉形

臀鳍长，一直延伸到尾鳍根部

食性：肉食	性情：温和，喜群集	鱼缸活动层次：中层和底层

科：甲鲇科
别称：无　　体长：30 厘米

蓝眼隆头鲇

蓝眼隆头鲇的鱼体呈乌黑色；头部比较大；眼睛不大，呈蓝色；口下位，口中有四排牙齿；背鳍比较大，呈三角形帆状；尾柄较短；尾鳍较大，呈琴形。

➲ 分布区域：哥伦比亚。

➲ 养鱼小贴士：饲养它需要使用较大的鱼缸，饲养难度不大，适合初养者。

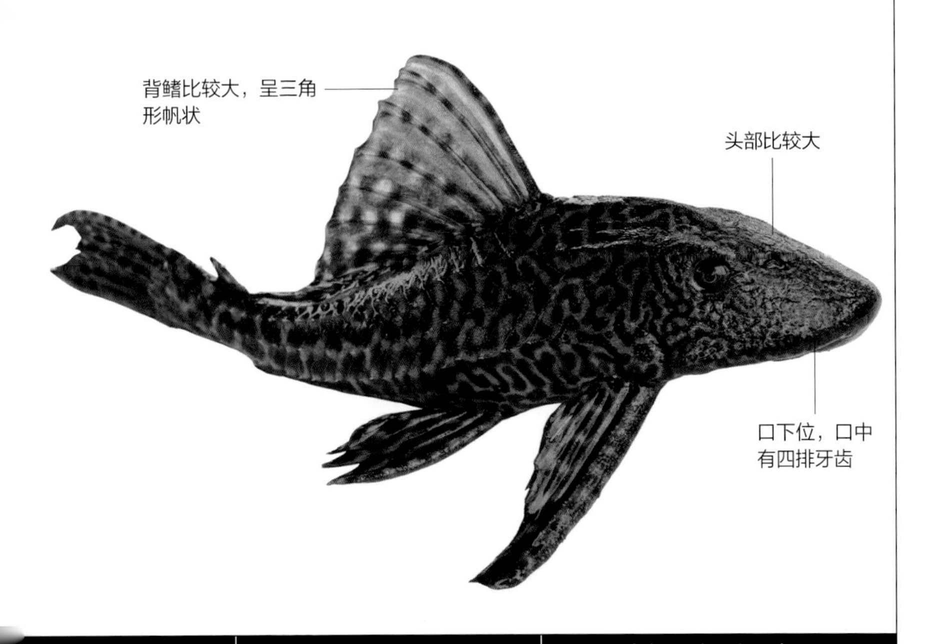

食性：草食	性情：温和	鱼缸活动层次：底层

科：美鲇科
别称：瘦身盔甲鲇　　体长：18 厘米

美鲇

美鲇能在各种环境中栖息，如缺氧的水域、植物茂密的溪流或水混浊的溪流，如遇到干旱，河水溶氧量减少，能运用肠道呼吸。美鲇可捕食小鱼、昆虫，也可以植物为食。在繁殖期，雄鱼的腹部变成橘色，胸棘变得更长更厚。

⊙ 分布区域：巴西。

⊙ 养鱼小贴士：在繁殖期，雄鱼会在一些漂浮的植物上建立一个泡巢，雌鱼则在泡巢上产卵，雌鱼产卵后，由雄鱼负责护卵。

食性：杂食	性情：温和	鱼缸活动层次：底层

科：泥鳅科　　别称：蛇仔鱼　　体长：11 厘米

苦力泥鳅

苦力泥鳅的鱼体前部略呈圆柱形，后部侧扁，体色有黄色、橙色、茶褐色；鱼体上有纵贯的深黑色条纹；背缘和腹缘较平直；头较尖；眼小，隐藏在一道条纹中，眼睛有透明的膜；前鼻孔呈短管状，后鼻孔紧靠后外侧；鳞细小，胸鳍、背鳍皆细小，臀鳍与尾鳍相连。雄鱼体型细窄，雌鱼体型较大，腹部膨大。

⊙ 分布区域：泰国、马来西亚、印度尼西亚。

⊙ 养鱼小贴士：适宜养殖在有水草的水族箱中，最好放置若干沉木或岩石。

食性：杂食	性情：温和	鱼缸活动层次：底层

科：泥鳅科

别称：虎沙鳅、三间鼠鱼　　体长：30 厘米

丑鳅鱼

丑鳅鱼是鳅类鱼中最漂亮的品种，鱼体呈橘黄色；嘴部有四对触须；鱼体的鳞片很少；鱼体有三条宽黑横纹，一条穿眼而过，一条穿过腹部，一条延伸至臀鳍；尾鳍呈叉形。

➲ 分布区域：印度尼西亚的溪流中。

➲ 养鱼小贴士：丑鳅鱼属杂食性，喜食活饵料，饲养比较容易。因为丑鳅鱼喜欢群集，因此最好群养。

食性：杂食	性情：温和，喜群集	鱼缸活动层次：底层

科：鳢科
别称：姑呆、山斑鱼、七星鱼、点称鱼、山花鱼　　体长：30 厘米

七星鳢

七星鳢的鱼体直长而呈棒棍状；头部宽扁，头顶平；成鱼呈灰褐色，口大，下颌稍凸出，口斜裂至眼睛后缘直下方，上下颌均有锐利牙齿，无须；眼后方有两条黑色纵带，一直延伸至鳃盖后缘；体侧有若干条黑色横带；前鼻孔呈管状，向前伸达上唇；全身圆鳞，头顶的鳞片较大；背鳍和臀鳍发达，无腹鳍，尾鳍后缘呈圆形，尾鳍基部有圆形黑色眼斑，尾部侧扁。

全身圆鳞，鱼体直长而呈棒棍状

◎ 分布区域：中国、日本、斯里兰卡及越南北部的红河流域。

◎ 养鱼小贴士：以水生昆虫、鱼、虾以及其他小动物为食。可直接呼吸空气，离水甚久而不死。

食性：肉食	性情：好争斗	鱼缸活动层次：底层

科：松鲷科
别称：泰国虎鱼　　体长：40 厘米

暹罗虎鱼

暹罗虎鱼幼鱼基本体色是白色，并且鱼体上有黑色条纹；成年以后，白色会逐渐变成黄色，形成老虎一样的花纹，成鱼体长可达 40 厘米。暹罗虎鱼是一种颇受养鱼爱好者欢迎的观赏鱼。

◎ 分布区域：泰国、印度尼西亚、马来西亚。

◎ 养鱼小贴士：喜弱酸至中性软水，且需要有一定盐度；一般在水草茂盛、有岩石、有石洞的地方生存，可在水族箱中设置一些无底花盆来模拟岩洞；宜单养。

食性：肉食	性情：好争斗	鱼缸活动层次：中层和底层

科：射水鱼科
别称：高射炮鱼、枪手鱼、捉虫鱼、喷水鱼　　体长：25 厘米

射水鱼

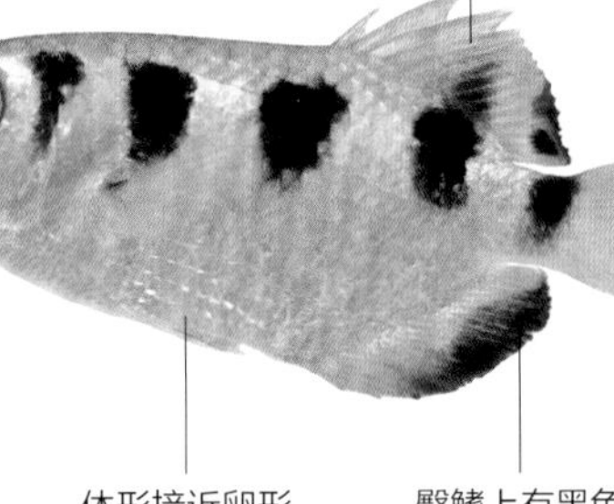

射水鱼体形接近卵形，头部不大，吻部大，眼睛大；体色呈银白色，有的呈淡黄色，略带绿色；有六条黑色垂直条纹穿过鱼体，第一条穿过眼部，第二条在鳃盖上，第三条在鳃盖后由背至胸，第四条由背鳍起点处至腹部，第五条从背鳍到体侧位置，第六条环绕尾柄；背鳍后位与臀鳍对称，形状相似，呈半圆形，后端紧靠尾柄，尾柄短小，背鳍和臀鳍上均有黑色宽边斑。

分布区域：东非沿岸以及澳大利亚沿岸地区的碱性河流。

养鱼小贴士：有惊人的吐水能力，饲养时需要在水族箱上边加盖。

食性：肉食	性情：温和	鱼缸活动层次：上层

科：黑线鱼科　　别称：燕子美人　　体长：4 厘米

纹鳍彩虹鱼

纹鳍彩虹鱼最明显的特征就是它的鳍比较长；圆边背鳍立起，背鳍有乌黑的线状鳍条向外延伸；臀鳍也有黑色延伸物；竖状尾鳍的鳍尖向后延伸成鳍条，并且呈现出浅红色；成鱼的基本体色是深褐绿色，背部有蓝色光泽，体侧有浅色条纹。纹鳍彩虹鱼在产卵期间会钻进水草丛。

分布区域：巴布亚新几内亚的沼泽中。

养鱼小贴士：喜欢弱酸性软水，主要以小型鱼虫为食。

食性：肉食	性情：温和，喜群集	鱼缸活动层次：上层和中层

科：刺鳅科
别称：棘鳗　　体长：75 厘米

棘鳅

棘鳅全身呈咖啡色，口小吻长，可自由扭转，身体上有若干个不规则的圆形黑斑分布，并形成褐色的条纹。棘鳅属夜行性，白天潜伏在砂中或隐藏于暗处。棘鳅个体大，因此在饲养的时候最好不要与小型鱼混养。又因为它常常在砂中穿梭，水草会被连根挖出，所以水草的种植需要用石块压住保护。

- 分布区域：印度。
- 养鱼小贴士：水箱必须密封，以防止其爬出箱外。

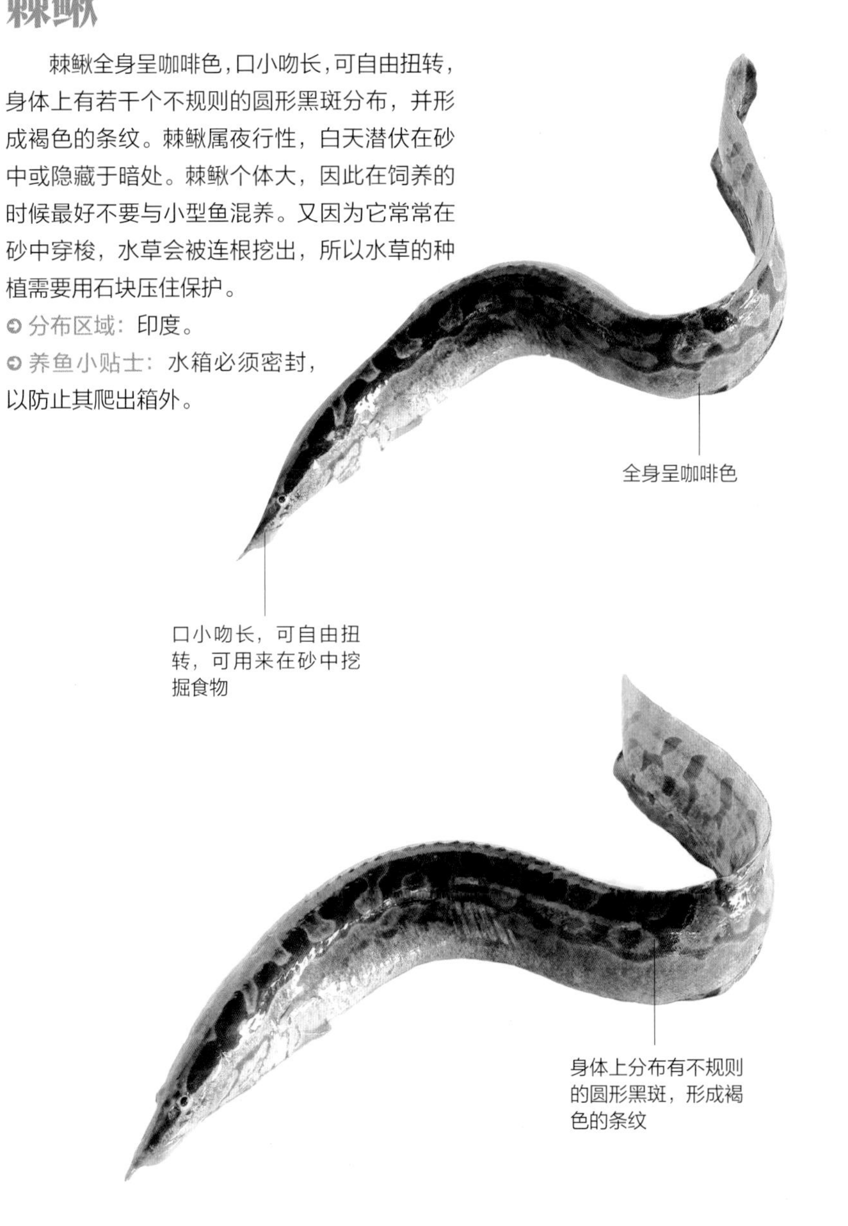

食性：肉食	性情：好争斗	鱼缸活动层次：底层

科：黑线鱼科
别称：半身黄彩虹鱼　　体长：10 厘米

伯氏彩虹鱼

鱼体边缘部分是浅色

伯氏彩虹鱼最明显的特征就是前半部分和后半部分两段颜色不同，并且随着鱼的逐渐成熟，鱼体颜色对比会更加鲜明；鱼体前半部分体色呈蓝灰色，后半部分呈黄色；前半部分鳞片有闪闪的深蓝色金属光泽，后半部分的背鳍、臀鳍与尾鳍呈橘黄色，边缘部分呈浅色；整个鱼体颜色鲜明，十分漂亮。

➲ 分布区域：巴布亚新几内亚的溪流中。

➲ 养鱼小贴士：适宜在含有一定碱性的硬水中生存。

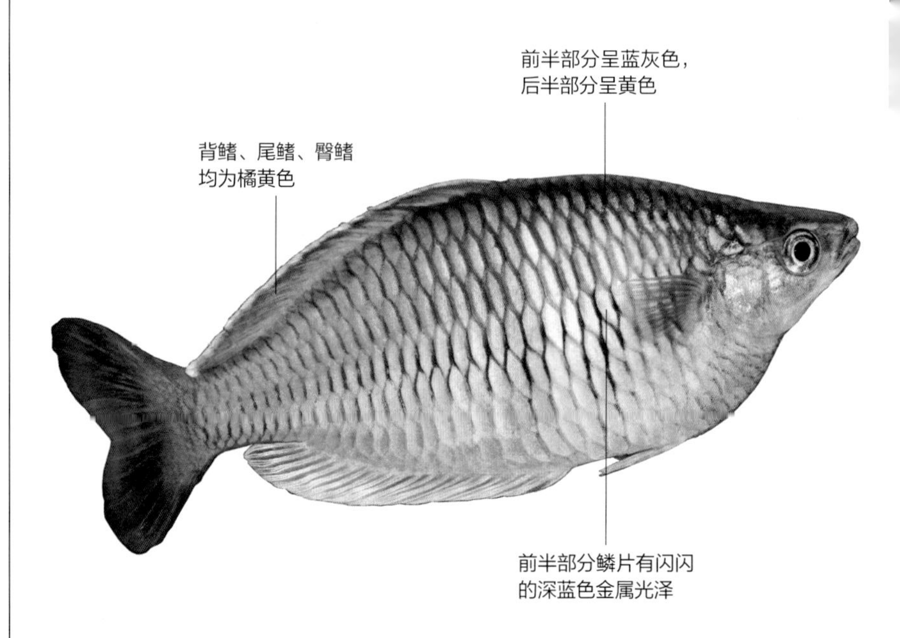

食性：杂食	性情：温和，喜群集	鱼缸活动层次：中层

科：颌针鱼科
别称：银鱼、面丈鱼、炮仗鱼、帅鱼、面条鱼、冰鱼　　体长：30 厘米

银针鱼

银针鱼鱼体细长，头部扁平，眼大，吻长而尖，向前延伸呈针管状，上下颌等长，前上颌骨、上颌骨、下颌骨和口盖上都生有一排细齿，下颌前端没有联合前骨，但有一肉质突起，背鳍和尾鳍中央有一透明小脂鳍。银针鱼因色泽如银而得名。鱼体柔软无鳞，一道深色的条纹隔开了鱼体的背面和腹面。

➲ 分布区域：印度。

➲ 养鱼小贴士：很容易受到惊吓，受到惊吓时会跃出鱼缸，所以需要给鱼缸加盖。

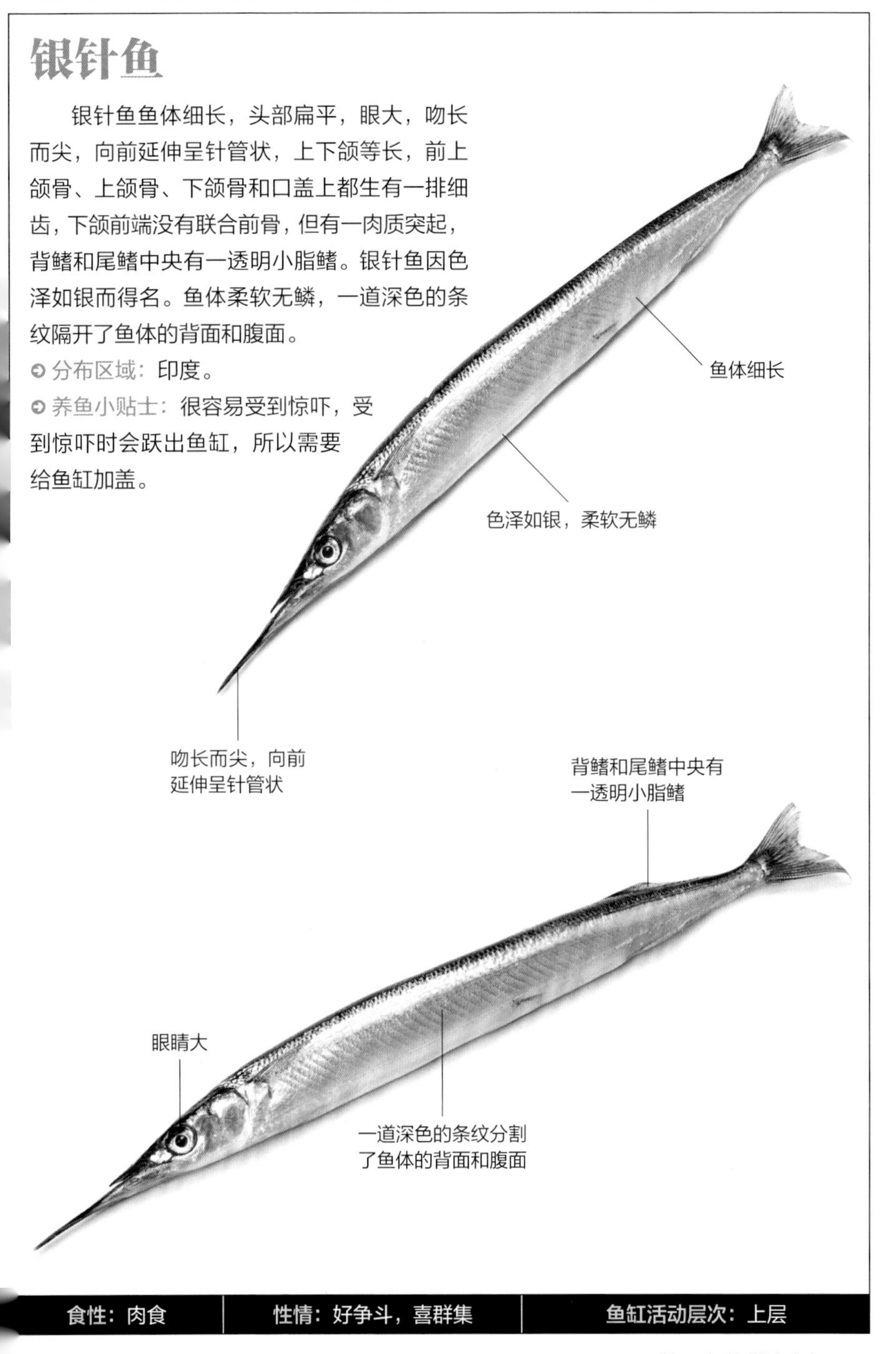

食性：肉食	性情：好争斗，喜群集	鱼缸活动层次：上层

科：金钱鱼科
别称：金鼓鱼　　体长：30 厘米

金钱鱼

金钱鱼的鱼体呈金褐色，侧扁，呈圆盘形，背部高耸隆起，口小，鳞片细小，鱼体表面布满了黑色的圆斑点，形状像金钱，这就是它名字的由来。体色常因环境的变化而变化，时深时浅，特别漂亮；背鳍的前 10 个鳍条有毒腺，被刺中就会红肿而且疼痛难当，捕捉时要小心；尾鳍宽大，鳍条挺括。

分布区域：印度洋、太平洋地区。

养鱼小贴士：喜欢弱碱性硬水，食物以藻类及小型底栖无脊椎动物为主。

背鳍的前 10 个鳍条有毒腺，被刺中就会红肿而且疼痛难当

背部高耸隆起

鱼体表面布满了黑色的圆斑点，形状像金钱

口比较小

鱼体呈金褐色，侧扁，呈圆盘形

尾鳍宽大，鳍条挺括

食性：杂食	性情：温和，喜群集	鱼缸活动层次：中层和底层

科：花鳉科
别称：食蚊鱼　　体长：4 厘米

西方食蚊鱼

西方食蚊鱼跟孔雀鱼比较像，鱼体呈褐绿色，头部不大，较尖，向前凸出，吻部圆钝；最明显的特征就是腹部特别大，像鼓起来的气球，依稀可见内脏的囊；臀鳍和尾鳍颜色呈浅灰色，上面有黑色斑点分布，尾鳍呈扇形。

分布区域：美国东部的溪流中。

养鱼小贴士：西方食蚊鱼的生长速度快，繁殖能力强，能生活于咸水、淡水及不同环境的水体中，性情好斗，宜单养。

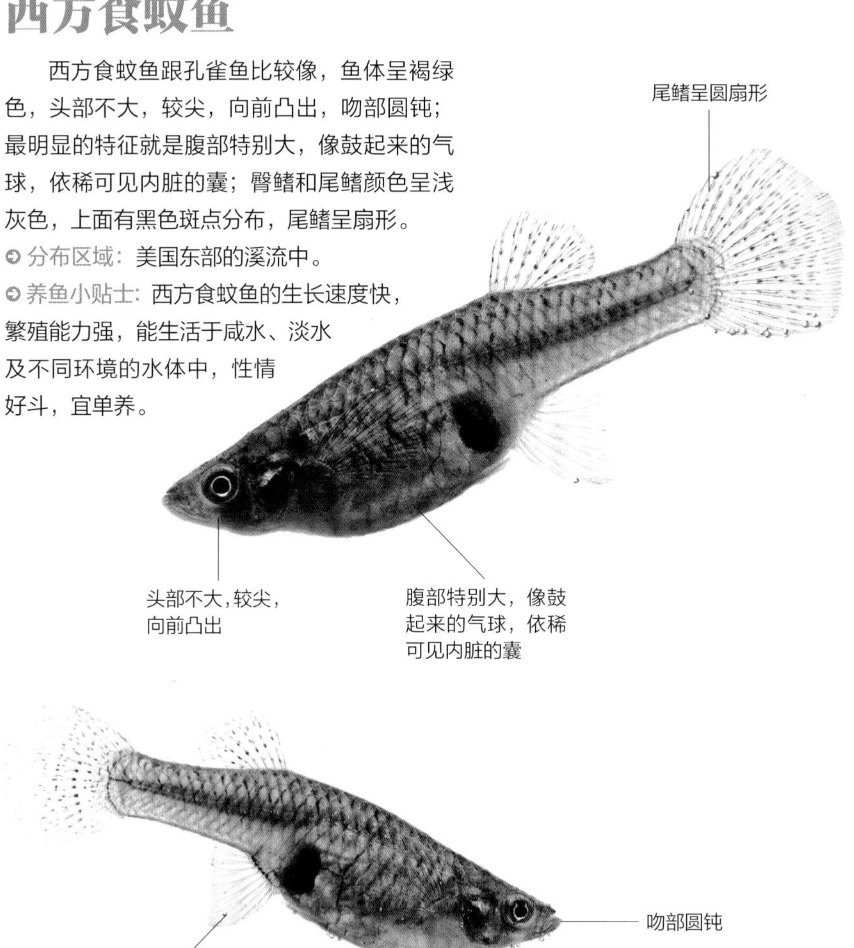

食性：杂食	性情：好争斗	鱼缸活动层次：全部

科：花鳉科

别称：百万鱼　　体长：4 ~ 5 厘米

孔雀鱼

体色缤纷多彩，基色有淡红、淡绿、淡黄、红、紫、孔雀蓝等

孔雀鱼雄鱼体长 3 厘米左右，体色基色有淡红、淡绿、淡黄、红、紫、孔雀蓝等，尾部长，尾鳍上有 1 ~ 3 行排列整齐的黑色圆斑或是一彩色大圆斑，尾鳍形状有圆尾、旗尾、三角尾、火炬尾、琴尾、齿尾等。成体雌鱼体长可达 5 ~ 6 厘米，体色较雄鱼单调，尾鳍呈鲜艳的蓝、黄、淡绿、淡蓝色、火红色、淡黑色等，上面分布着大小不等的黑色斑点。

分布区域：委内瑞拉、圭亚那以及西印度群岛等地的河流中。

养鱼小贴士：孔雀鱼的饲养方法简单，繁殖能力强。为保护彩色的鱼种，要注意避免相互杂交。

食性：杂食	性情：温和	鱼缸活动层次：全部

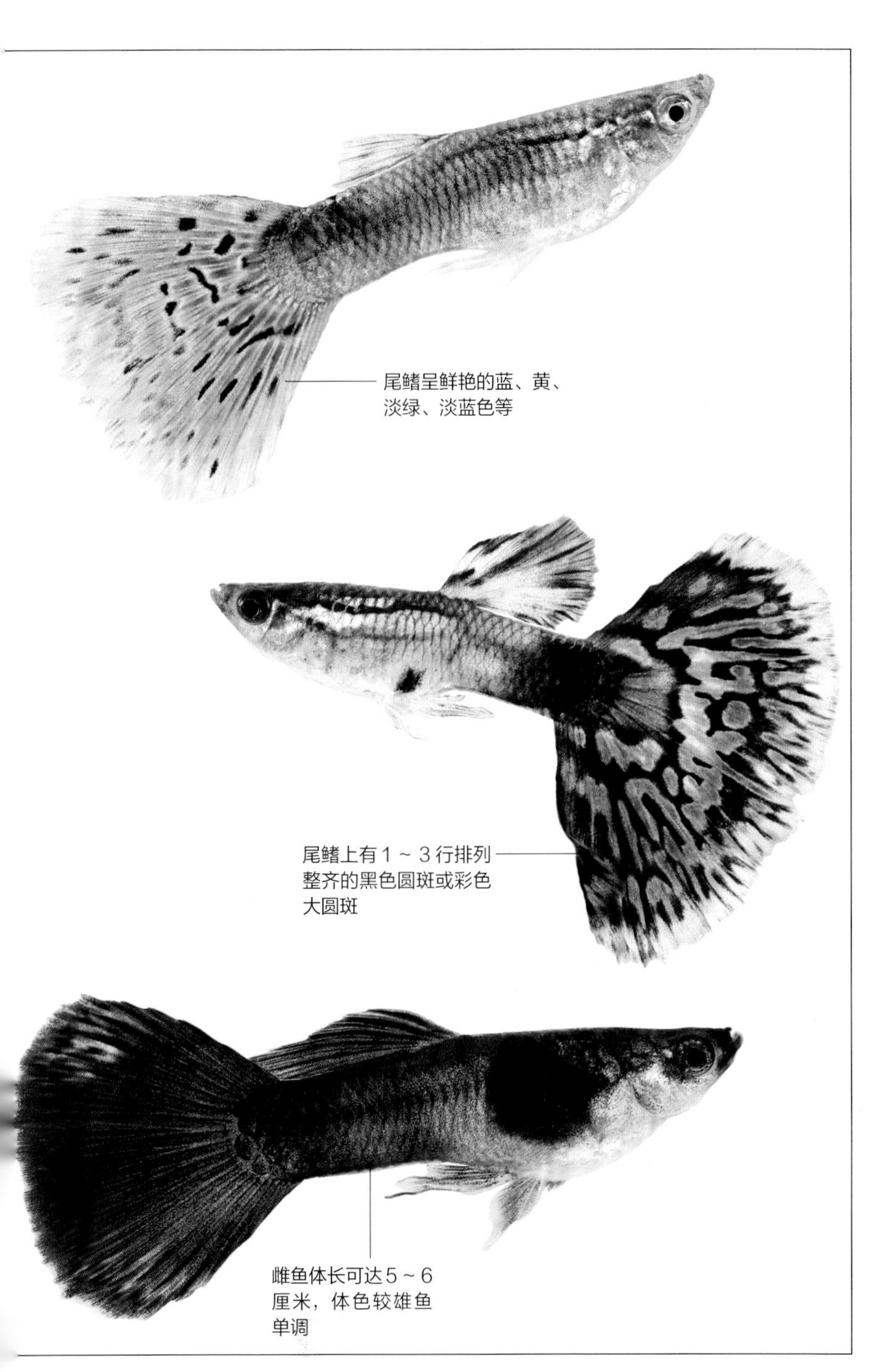
尾鳍呈鲜艳的蓝、黄、
淡绿、淡蓝色等
尾鳍上有 1 ～ 3 行排列
整齐的黑色圆斑或彩色
大圆斑
雌鱼体长可达 5 ～ 6
厘米，体色较雄鱼
单调

科：锯盖鱼科
别称：玻璃鱼　　体长：7 厘米

印度玻璃鱼

印度玻璃鱼的鱼体侧扁，最明显的特征就是鱼体透明，透过鱼体可以清晰地看到内脏、骨骼和血脉。幼鱼期的雌雄极难鉴别；成年后的雄鱼呈淡黄色，较雌鱼体色略深，腹部中间似有银色圆块；雌鱼鱼体较雄鱼大。

分布区域：缅甸、泰国、印度。

养鱼小贴士：喜欢弱酸性软水，饵料以小型鱼虫为主，饲养时可与品种相仿的鱼混养。

鱼体透明，透过鱼体可以清晰地看到内脏、骨骼和血脉

成年后的雄鱼呈淡黄色，较雌鱼体色略深，腹部中间似有银色圆块；雌鱼鱼体较雄鱼大

食性：杂食	性情：胆小	鱼缸活动层次：中层

科：泥鳅科　　别称：条纹沙鳅　　体长：8 厘米

斑马鳅

斑马鳅的鱼体呈流线型，整个鱼体布满了褐色的均匀条纹，条纹被金色的线条均匀地排列开来；头部不大，同样布满了褐色条纹；眼睛较大，嘴部有3对触须，细短；腹面为金黄色，背鳍、臀鳍、尾鳍的颜色都呈灰白色，在鳍上分布有不明显的黑色条纹；尾鳍呈叉形。

分布区域：印度的溪流中。

养鱼小贴士：喜欢在夜间活动，天黑后比较活跃。

背鳍呈灰白色，鳍上有不明显的黑色条纹

鱼体布满了均匀的褐色条纹

鱼体呈流线型

尾鳍呈灰白色，呈叉形

食性：杂食	性情：温和	鱼缸活动层次：底层

科：食人鱼科
别称：银臼齿银板鱼　　体长：20 厘米

银币鱼

银币鱼从前被称为银臼齿银板鱼，鱼体侧扁，全身主要呈银灰色，鳞片较小，密集分布，闪闪发亮，特别是在灯光映照下显得更加漂亮。头部不大，背鳍较小，尾鳍颜色较淡，末端有淡红色的线条围绕。

分布区域：美洲普拉特河、亚马孙的水域中。

养鱼小贴士：银币鱼爱吃软叶植物，喜欢群集。

鳞片小而密集，闪闪发亮

背鳍较小

尾鳍颜色较淡，末端有淡红色的线条围绕

食性：草食	性情：温和	鱼缸活动层次：中层

科：鲤科　　别称：三角鱼、高体波鱼　　体长：4 厘米

三角灯波鱼

三角灯波鱼是一种比较小的鱼类，基本颜色为棕色和银色，眼睛比较大，鱼体最明显的特征就是侧面有一块形状类似三角形的黑色斑块，并且有一端的方向延伸至尾鳍，尾鳍呈深叉形。

分布区域：泰国、马来西亚、印度尼西亚的溪流中。

养鱼小贴士：三角灯波鱼喜欢群集，雄性三角灯波鱼会用跳舞来求爱。

鱼体较小，基本颜色是棕色和银色

尾鳍呈深叉形

侧面有一块形状类似三角形的黑色斑块

食性：杂食	性情：温和，喜群集	鱼缸活动层次：全部

第三章 冷水性鱼类

冷水性鱼类包括冷水性海水鱼和冷水性淡水鱼。
冷水性海水鱼主要有鲷鱼、隆头鱼等。
冷水性淡水鱼主要有金鱼、锦鲤等。
中国是最早饲养金鱼的国家，
早在南宋时皇宫中就开始大量饲养金鱼；
锦鲤的养殖也起源于中国，
后经过日本长期人工选育，
呈现出更加丰富的色彩。

科：鳚科
别称：浅红副鳚　　体长：20 厘米

东波鳚

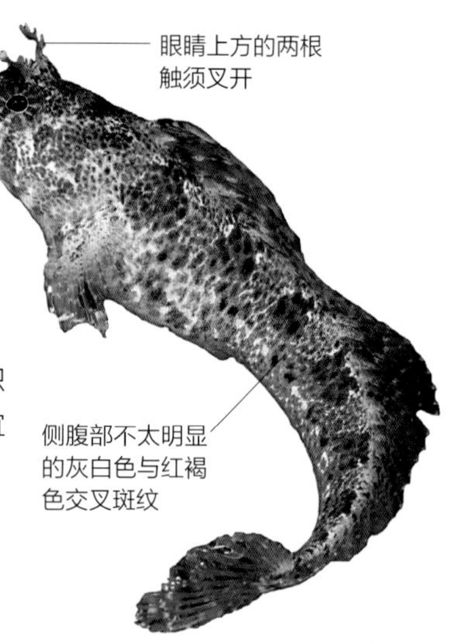

东波鳚的鱼体颜色以红褐色为主，还有不太明显的灰白色与红褐色交叉斑纹出现在鱼体的侧腹部；头部是全身最侧高的部位，其中嘴部宽而大，眼睛上方的两根触须叉开。

➲ 分布区域：大西洋西部的浅水水域和岩石潭中。

➲ 养鱼小贴士：东波鳚性情好斗，会咬食体积较小的鱼类，主要食物是肉饵，饲养的时候宜单养。

食性：杂食	性情：好争斗	鱼缸活动层次：底层

科：雀鲷科　　别称：光鳃鱼　　体长：15 厘米

地中海雀鲷

地中海雀鲷的鱼体侧扁，体色不一，幼鱼体色是绿色中带着蓝色，成鱼体色更深，接近褐色；头部不大，嘴巴偏小，眼睛在头的前位。地中海雀鲷鱼体较突出的特征就是它的鳞比较大，周围有黑色边缘；背鳍上有若干条刺条，尾鳍呈深叉形。

➲ 分布区域：地中海以及大西洋东部的岩石区。

➲ 养鱼小贴士：地中海雀鲷属于杂食鱼，饲养难度不大。

鳞比较大，周围有黑色边缘，鱼体侧扁

尾鳍呈深叉形

食性：杂食	性情：温和	鱼缸活动层次：底层

科：圆鳍鱼科
别称：无　　体长：60 厘米

多瘤吸盘鱼

多瘤吸盘鱼的鱼体体色不尽相同，有的呈绿褐色，有的呈灰蓝色。一般来说，幼鱼时期，有两个背鳍，第一背鳍在多瘤吸盘鱼长大之后被皮覆盖。繁殖期的雄性多瘤吸盘鱼鱼体呈黄色，腹部位置呈红色，鱼体上还有几排骨板，质地比较硬，能起到保护鱼体的作用。

➲ 分布区域：大西洋东北部。

➲ 养鱼小贴士：宜选择幼鱼单独饲养。

颜色不尽相同，有的呈绿褐色，有的呈灰蓝色

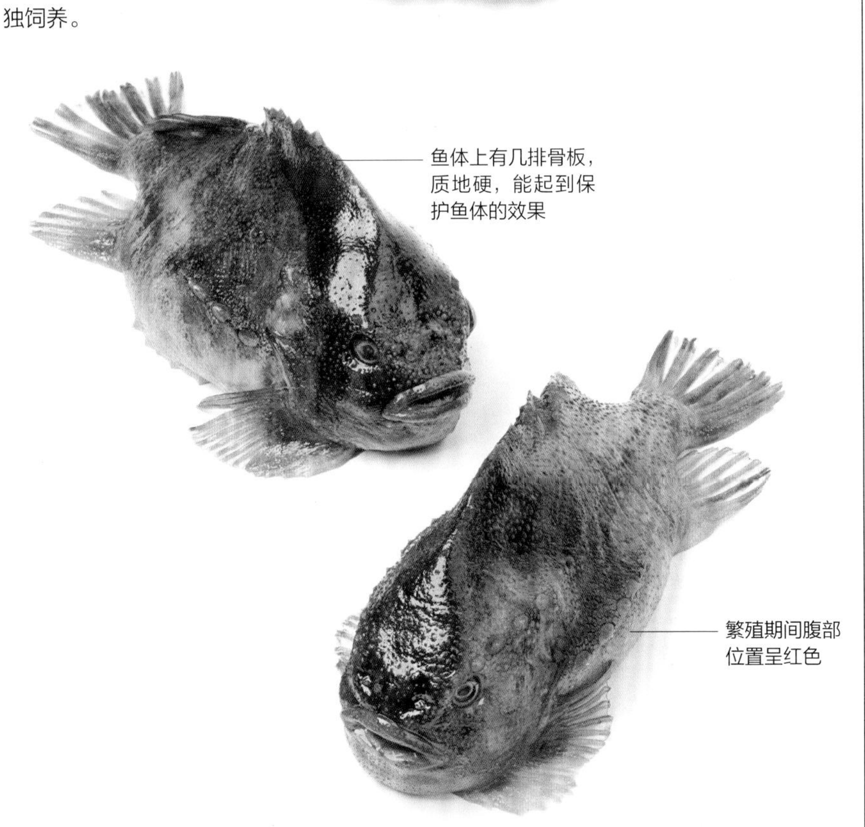

食性：肉食	性情：喜争斗	鱼缸活动层次：底层

科：鲉科
别称：无　　体长：25 厘米

鲉鱼

鲉鱼大概有 50 种，鱼体颜色也不尽相同，体态随环境的变化而变化，具有伪装保护的作用；鱼体侧扁，头部大，吻部圆钝，眼睛上方有羽毛状一样的物体，鱼体上有棘棱及皮瓣，背部中央隆起。

◎ 分布区域：地中海和比斯开湾多岩石的浅水水域。

◎ 养鱼小贴士：鲉鱼性情好争斗，鳃盖有刺毒，具有攻击性，宜单独饲养。

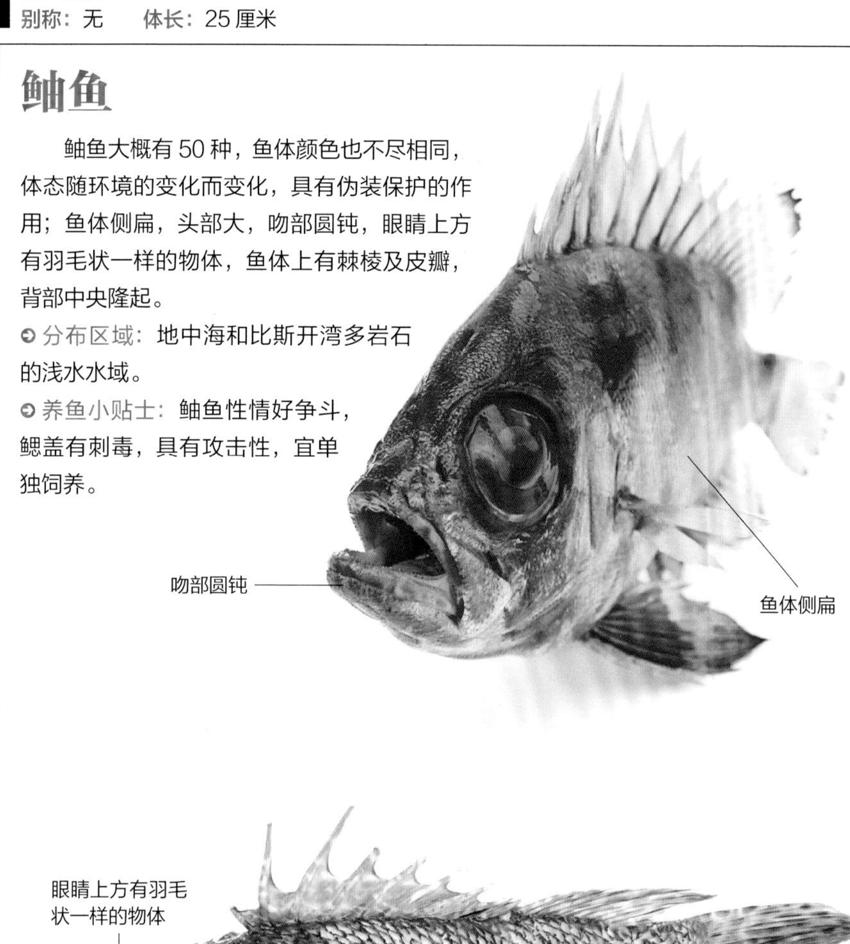

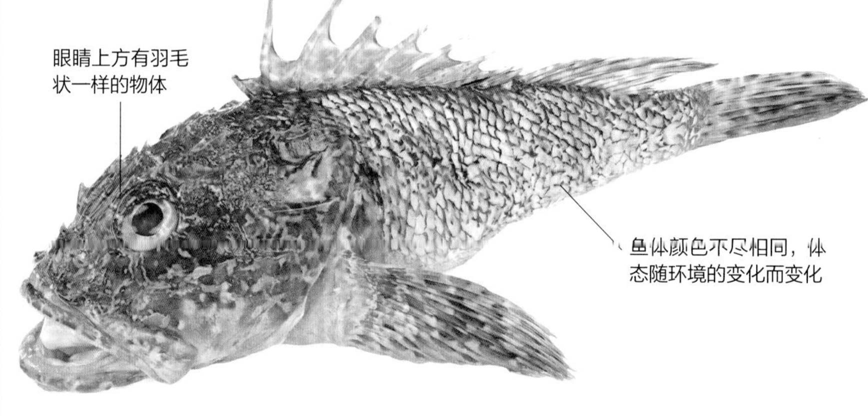

食性：肉食	性情：好争斗	鱼缸活动层次：底层

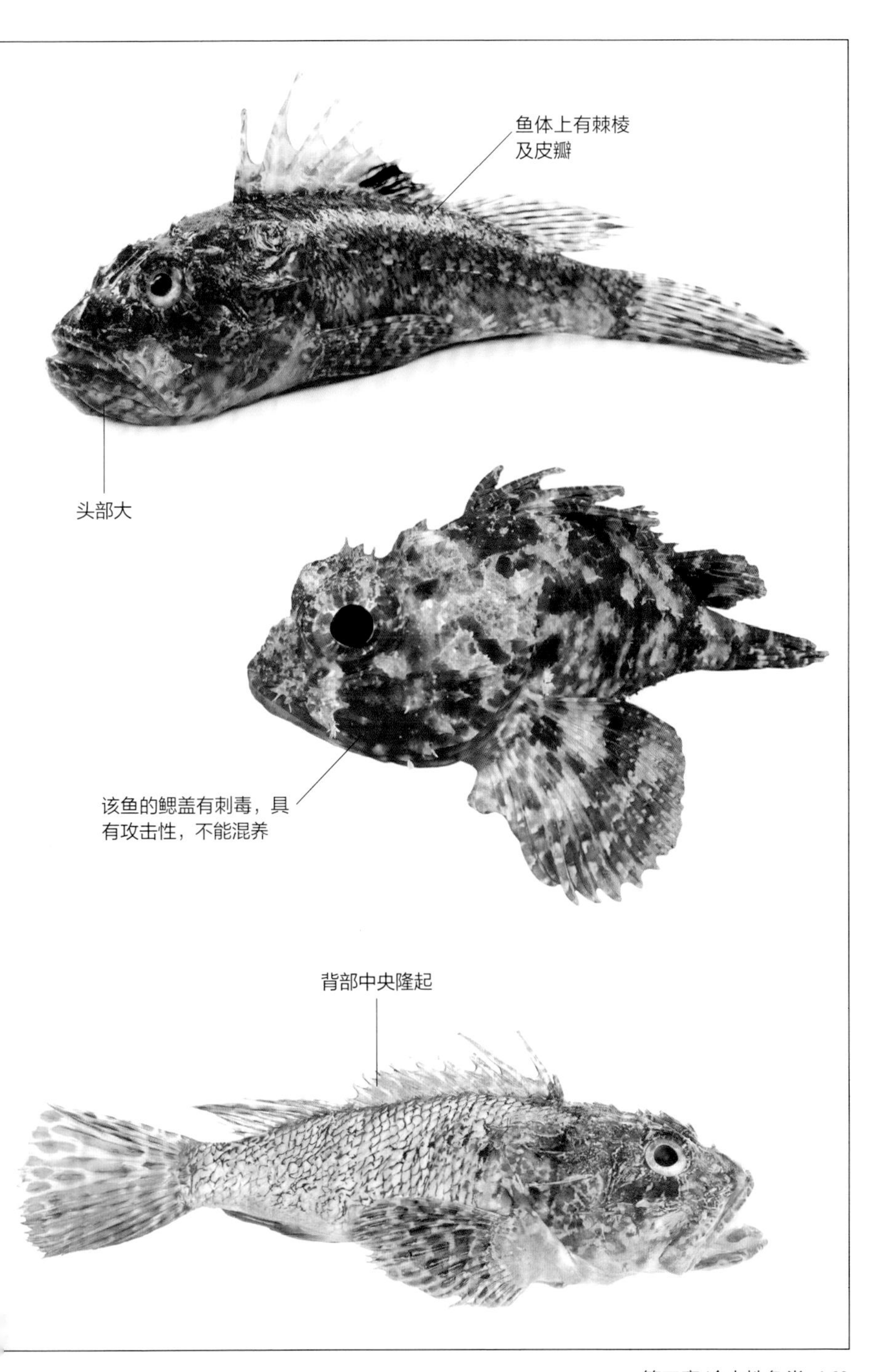
鱼体上有棘棱
及皮瓣
头部大
该鱼的鳃盖有刺毒，具
有攻击性，不能混养
背部中央隆起

科：刺鱼科
别称：无　　体长：20 厘米

十五棘刺背鱼

十五棘刺背鱼名字的由来是因为该鱼身上有 15 根刺；鱼体修长，体色是绿褐色，头部平坦，颌部较长，嘴巴尖尖的；背鳍较小，与臀鳍的位置相对应；尾鳍较小，呈扇形。

➲ 分布区域：大西洋东北部。

➲ 养鱼小贴士：主要食活饵，宜单养。

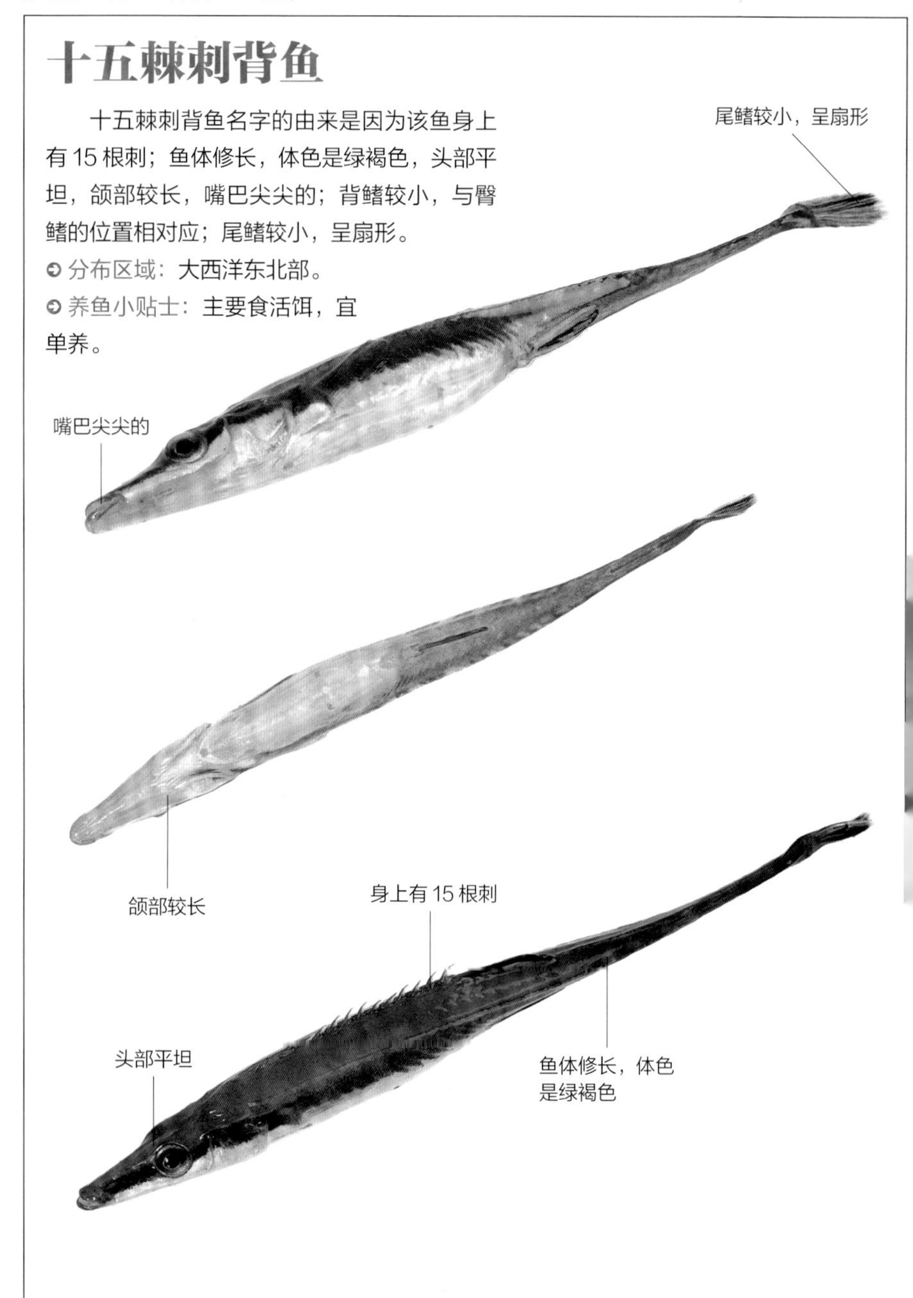

食性：肉食	性情：喜争斗	鱼缸活动层次：全部

科：刺臀鱼科
别称：无　　体长：23 厘米

蓝鳃太阳鱼

蓝鳃太阳鱼属中小型鱼类，最显著的外观特征是鳃盖后缘长有一黑色形似耳状的软膜，这也是所有太阳鱼的共同特征，只是不同鱼种的耳膜有不同的颜色及形状而已。整体颜色为棕色带浅蓝色；胸部至腹部呈淡橙红色或淡橙黄色；背部呈淡青灰色，其中有一些淡灰黑色的纵纹，但不太明显；鳍为黄中带蓝色，有深色图案但不太明显。

➲ 分布区域：从加拿大的安大略、魁北克省南部至美国南方的多个州及墨西哥北部的淡水水域均有大量分布。

➲ 养鱼小贴士：蓝鳃太阳鱼比较好动，还会与其他太阳鱼杂交，适宜单养。

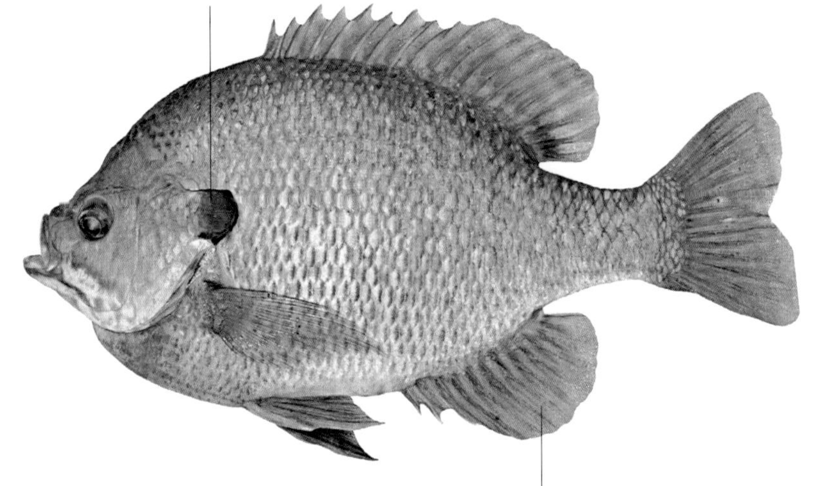

食性：杂食	性情：温和	鱼缸活动层次：中层和底层

科：鲤科
别称：金鱼　　体长：不定

单尾金鱼

单尾金鱼的体色一般为金色，有的带橘红色，有的幼鱼鱼体上还透着绿色；金鱼的背鳍和臀鳍的基部比较长，尾鳍是呈叉形的，比较坚硬；鱼体上侧线十分明显。金鱼最初是由中国人培育的，目前品种越来越多。

➲ 分布区域：分布在中国各个地区。

➲ 养鱼小贴士：单尾金鱼一般的饵料即可喂食，可以混养。

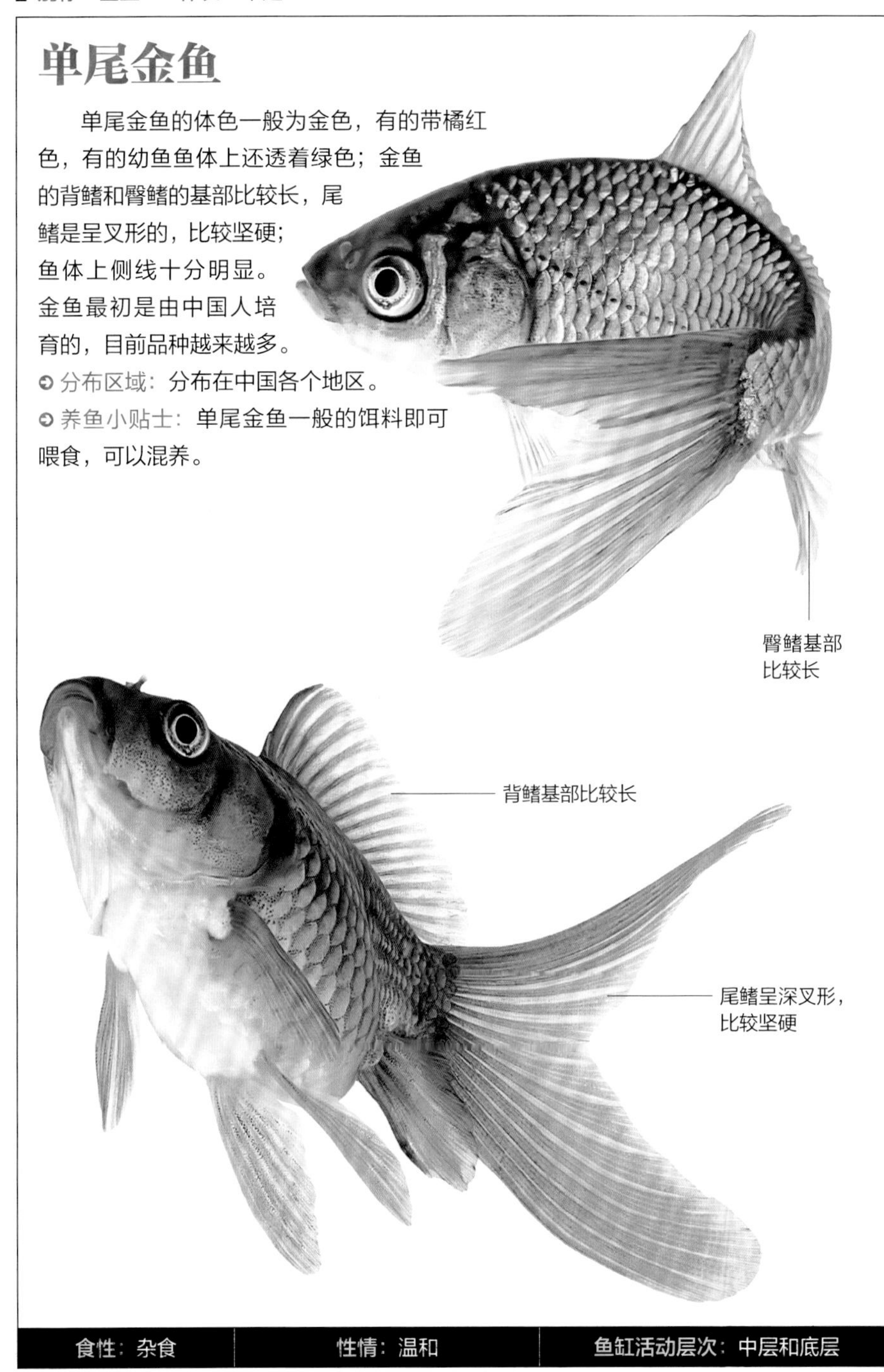

食性：杂食	性情：温和	鱼缸活动层次：中层和底层

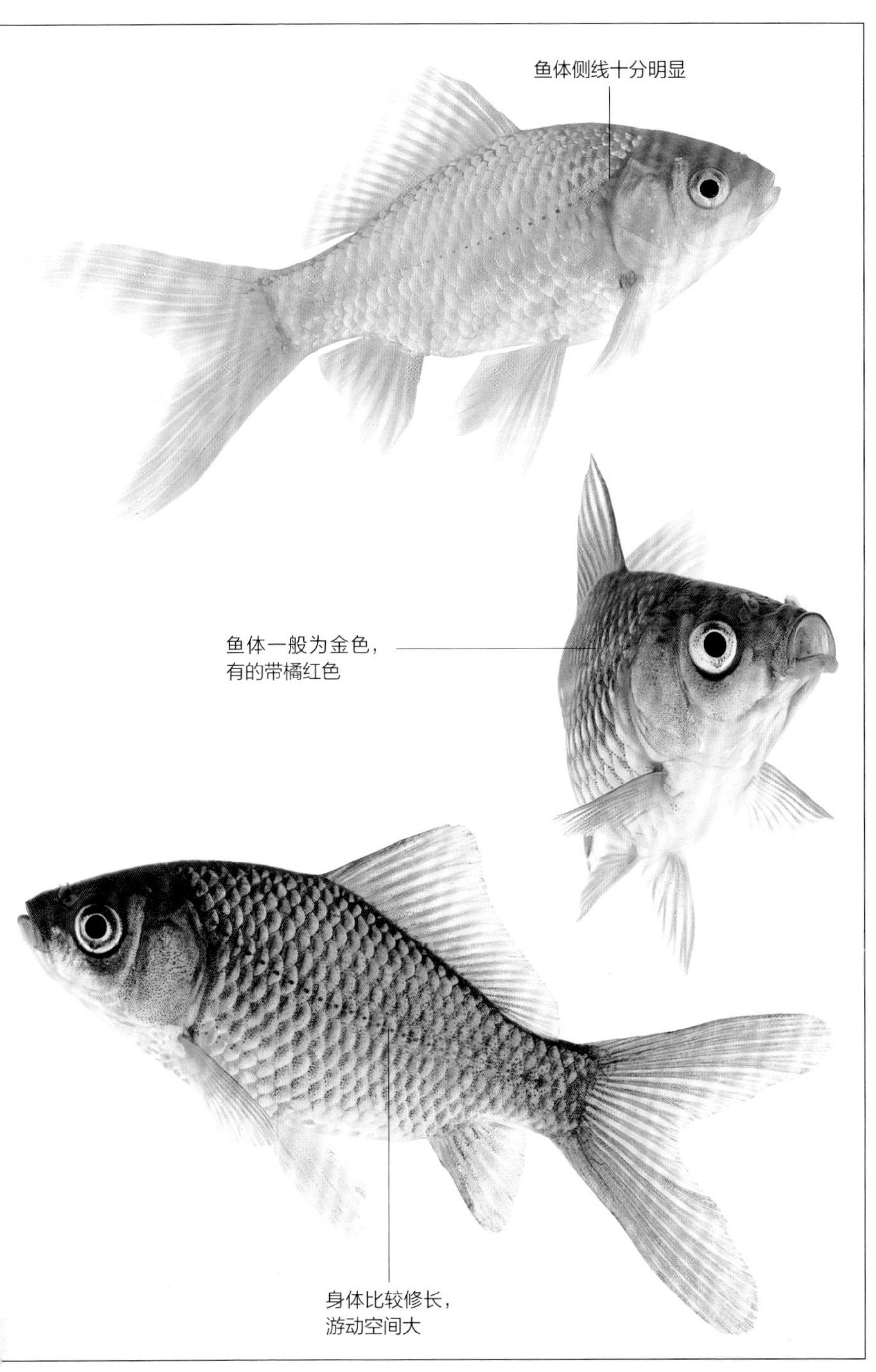
鱼体侧线十分明显
鱼体一般为金色，
有的带橘红色
身体比较修长，
游动空间大

草金鱼

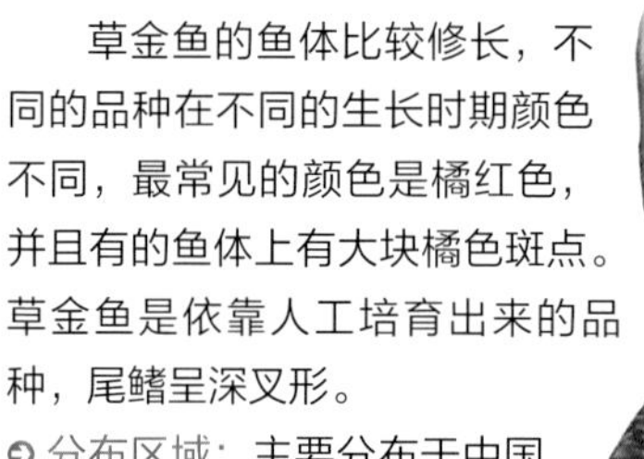

草金鱼的鱼体比较修长，不同的品种在不同的生长时期颜色不同，最常见的颜色是橘红色，并且有的鱼体上有大块橘色斑点。草金鱼是依靠人工培育出来的品种，尾鳍呈深叉形。

➲ 分布区域：主要分布于中国的杭州与嘉兴。

➲ 养鱼小贴士：由于它的鱼体较修长，因此在游动时需要较大的游动空间，喜欢群集。

尾鳍呈深叉形

食性：杂食	性情：温和	鱼缸活动层次：全部

科：鲤科

别称：朱文金　　体长：不定

朱文锦

朱文锦是日本的金鱼品种之一，鱼体侧扁浑圆，鱼体颜色不尽相同，主要取决于鳞片的排列，全身鳞片由普通鳞和透明鳞组成，以透明鳞为主，有红、白、蓝、黑、黄等颜色交错，以蓝色为底色的是上品；鳍长尾大，尾鳍单叶，有的个体也会出现成双的尾鳍和臀鳍。

➲ 分布区域：日本、中国。

➲ 养鱼小贴士：朱文锦姿态优美，喜欢群集，适应能力强，适合在水池或鱼缸中饲养。

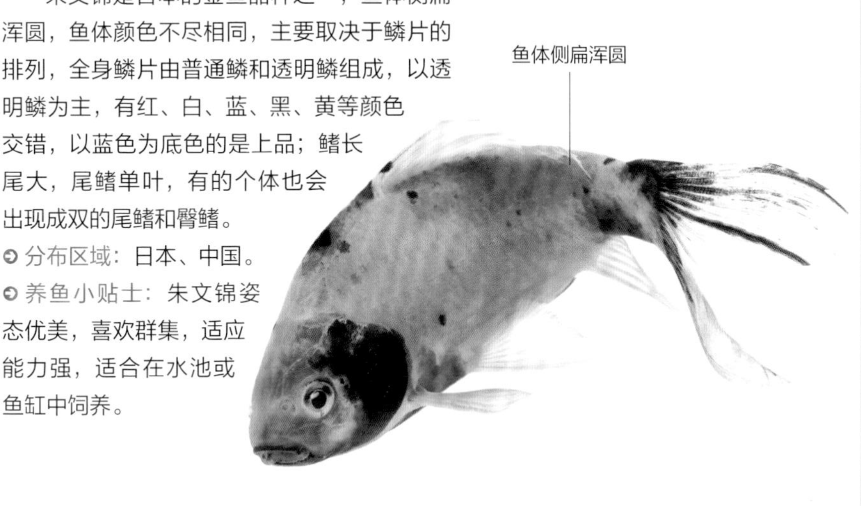

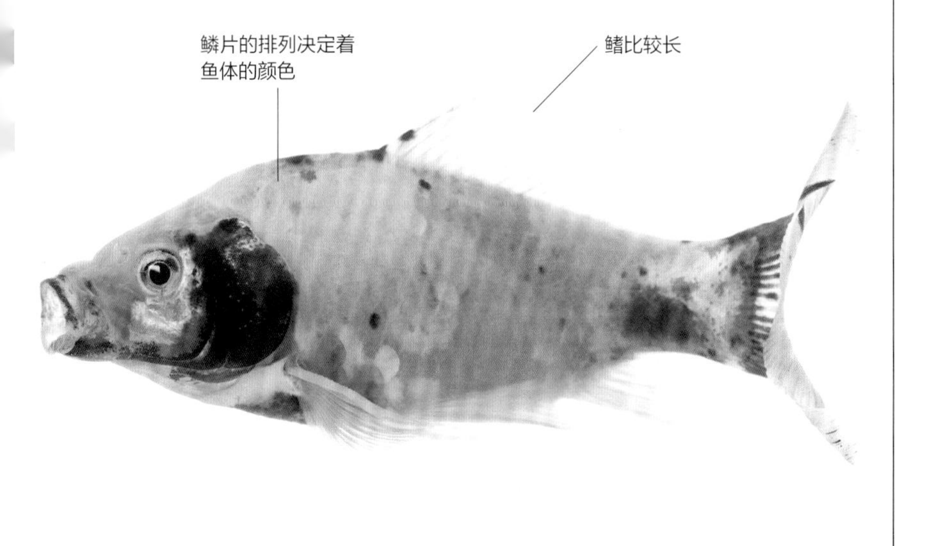

食性：杂食	性情：温和	鱼缸活动层次：全部

科：鲤科
别称：水泡眼　　体长：不定

泡眼金鱼

泡眼金鱼最突出的特征就是眼睛下方有两个充满液体的眼囊，像泡泡一样，十分显眼，这也是它名字的由来。鱼体的其余部分呈卵形，背面笔直，体色因品种不同而不尽相同，一般呈橘红色；没有背鳍，臀鳍和尾鳍为双鳍；尾鳍部分很大，尾柄下垂，尾鳍会随着尾柄摆动。

➲ 分布区域：中国京津地区。

➲ 养鱼小贴士：在饲养时尤其应当注意它的眼部，因为泡眼很容易受伤。

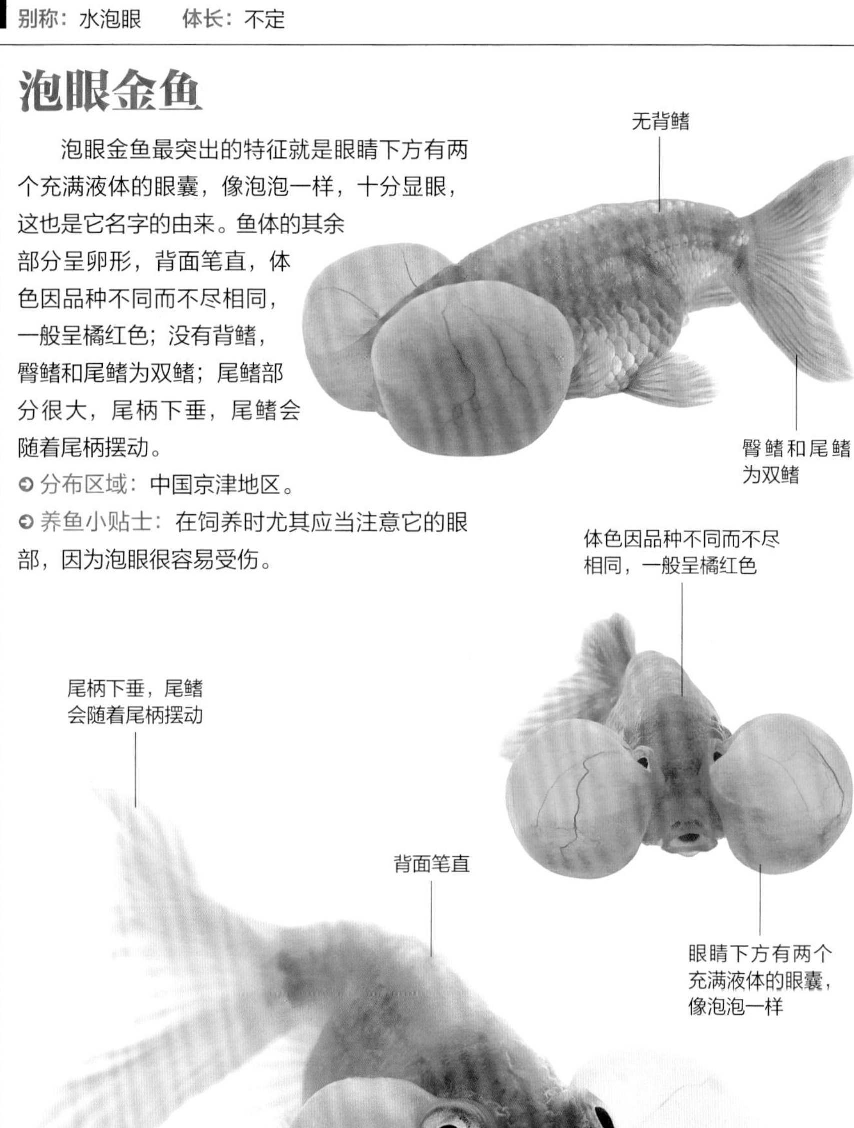

食性：杂食	性情：温和	鱼缸活动层次：全部

科：鲤科
别称：无　　体长：不定

狮头金鱼

狮头金鱼的鱼体较短，最突出的特征就是头部有一圈像树莓一样的突起物；它的尾巴是双尾鳍，且上扬。狮头金鱼属杂食性，性情比较温和，喜群集。

◎ 分布区域：中国。

◎ 养鱼小贴士：它游动起来并不灵活，甚至比较笨拙，宜饲养在室内的鱼缸中。

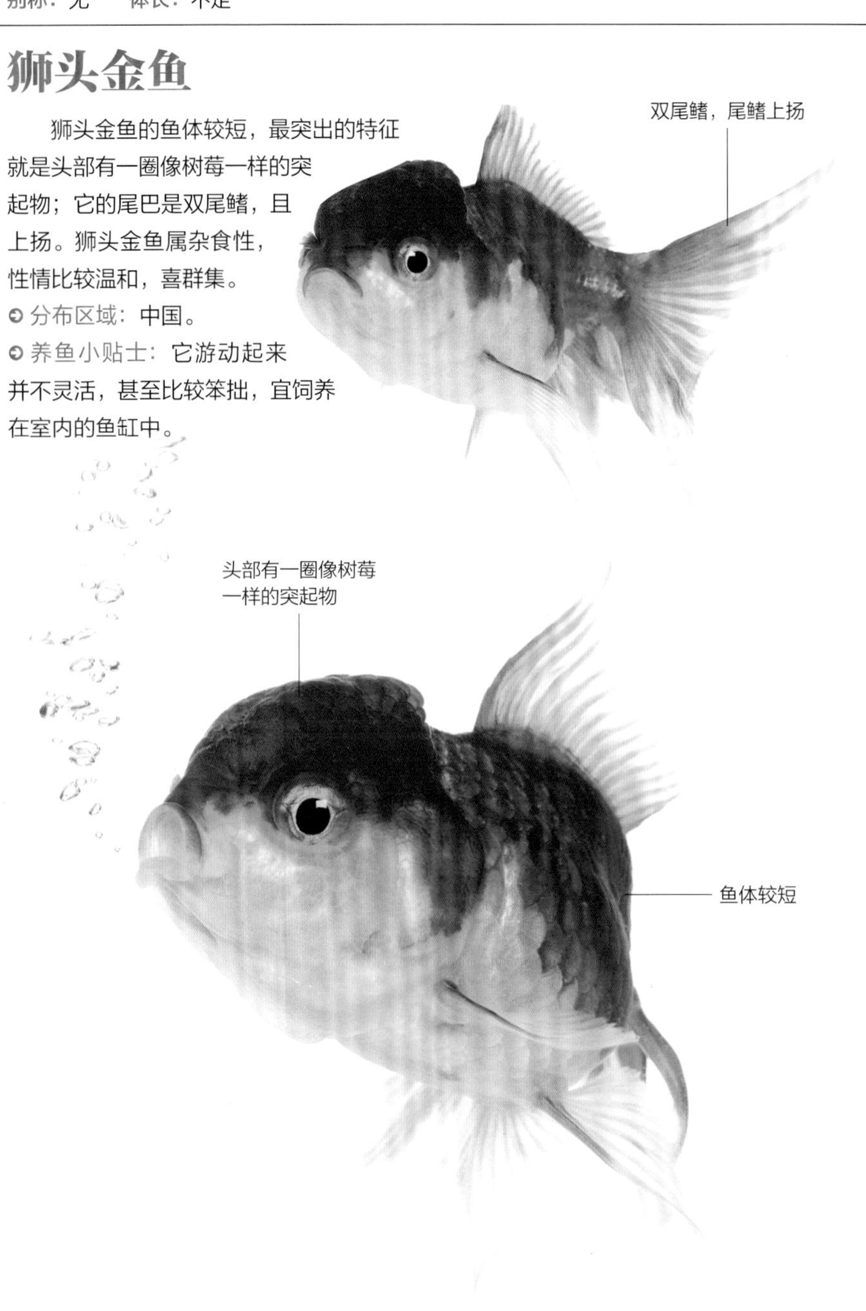

食性：杂食	性情：温和	鱼缸活动层次：全部

科：鲤科
别称：黑色沼泽鱼　　体长：不定

黑凸眼

黑凸眼又名黑色沼泽鱼，鱼体呈黑色，最显著的特征就是眼部向外凸起，类似望远镜，这也是它名称的由来。背鳍长在背部的最高处；双尾鳍对称悬挂，上端有平直的边缘；尾鳍较大，有鱼种之分。

➲ 分布区域：原产地中国，后传入日本。

➲ 养鱼小贴士：最好的鱼种呈全黑色，所以饲养者要注意不能让黑凸眼杂交。

食性：杂食	性情：温和，喜群集	鱼缸活动层次：全部

科：鲤科
别称：无　　体长：不定

红帽金鱼

红帽金鱼最显著的特征是头部有一块类似帽子状的红色斑块，这是它区别于其他品种的显著特征，也是它名字的由来。除了头部的红色斑块，鱼体的其他部分大都呈银白色，背鳍比较高，臀鳍和尾鳍为双鳍，游动时可随意摆动，姿态美观大方。

◎ 分布区域：中国。

◎ 养鱼小贴士：在饲养的时候注意不要跟其他好斗的鱼种一起饲养，否则会造成红帽金鱼鱼体受伤，同时应该给予红帽金鱼良好的水质环境。

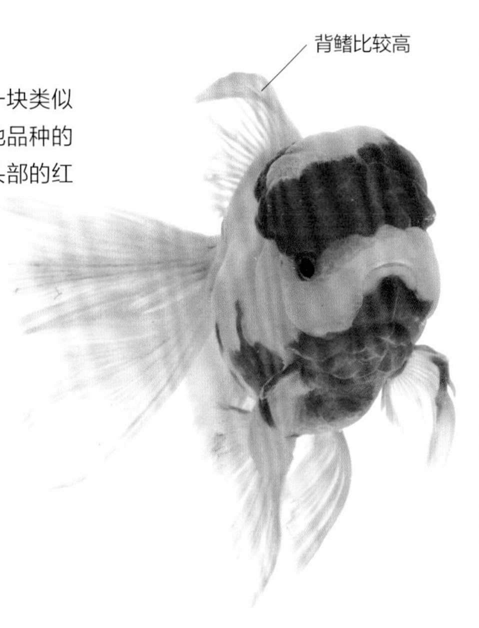

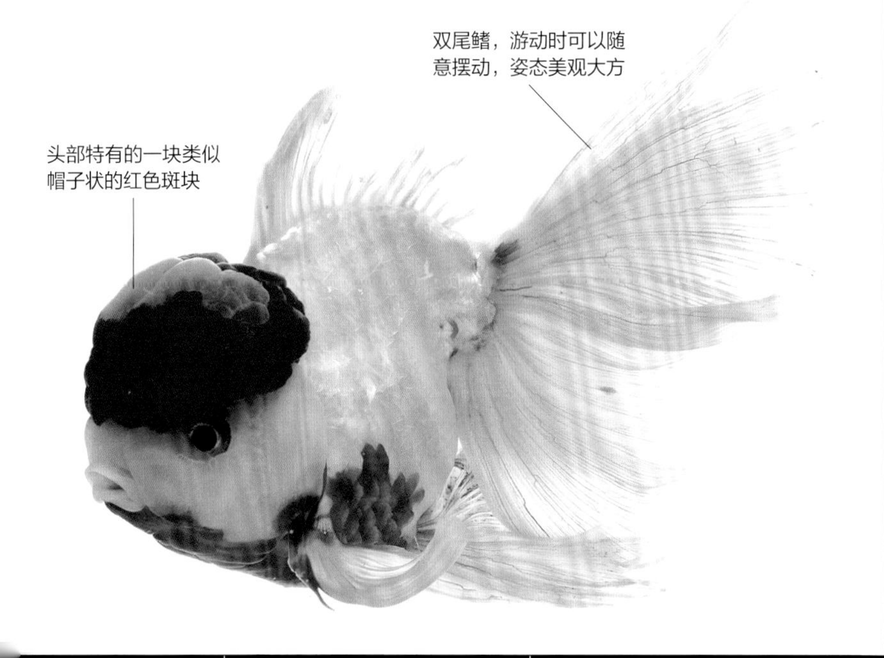

食性：杂食	性情：温和，喜群集	鱼缸活动层次：全部

科：鲤科
别称：无　　体长：不定

珍珠鳞金鱼

珍珠鳞金鱼的体色因鱼鳞排列和相应色素的不同而不同，珍珠鳞金鱼的鳞和珍珠的颜色和形状都很相似，也因此而得名。背鳍位置高，臀鳍与尾鳍是双鳍，总的来看颜色鲜艳。鱼体短小而浑圆，游动时不甚灵活。

➲ 分布区域：中国。

➲ 养鱼小贴士：珍珠鳞金鱼喜欢群集，饲养时应注意给予其良好的水质环境。

食性：杂食	性情：温和，喜群集	鱼缸活动层次：全部

科：鲤科
别称：无　　体长：不定

绒球金鱼

绒球金鱼属鲤科，体长不尽一致，鼻隔膜因为变异形成两个明显的绒球，这就是它名称的由来。不过，并不是所有绒球金鱼的绒球都在嘴上部，也有的绒球金鱼的绒球悬挂在嘴下部分。原始的绒球金鱼是没有背鳍的，新品种则有。

原始的绒球金鱼是没有背鳍的，新品种则有

- 分布区域：中国。
- 养鱼小贴士：只有饲养在水质良好的鱼缸中，才能使鼻部的生长物保持最佳状态。

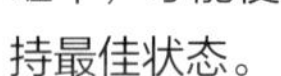

食性：杂食	性情：温和	鱼缸活动层次：全部

科：鲤科
别称：无　　体长：不定

纱尾金鱼

纱尾金鱼的体色因鳞片排列顺序的不同而不同，不同品种的体长也不一样。纱尾金鱼优质品种的臀鳍与尾鳍是双鳍，鳍在水中是飘动的，姿态飘逸优美，再加上背鳍高而直，这样使得鱼的姿态更加优雅。因纱尾金鱼鳍部的飘逸性，使得它的整体观赏性很高，被人们所喜爱。

➲ 分布区域：中国。

➲ 养鱼小贴士：纱尾金鱼在鱼缸中游动的时候，鱼缸底部不能有太多碎石，否则会使鱼体受伤。

纱尾优质品种的臀鳍与尾鳍是双鳍，鳍在水中飘动，姿态飘逸优美

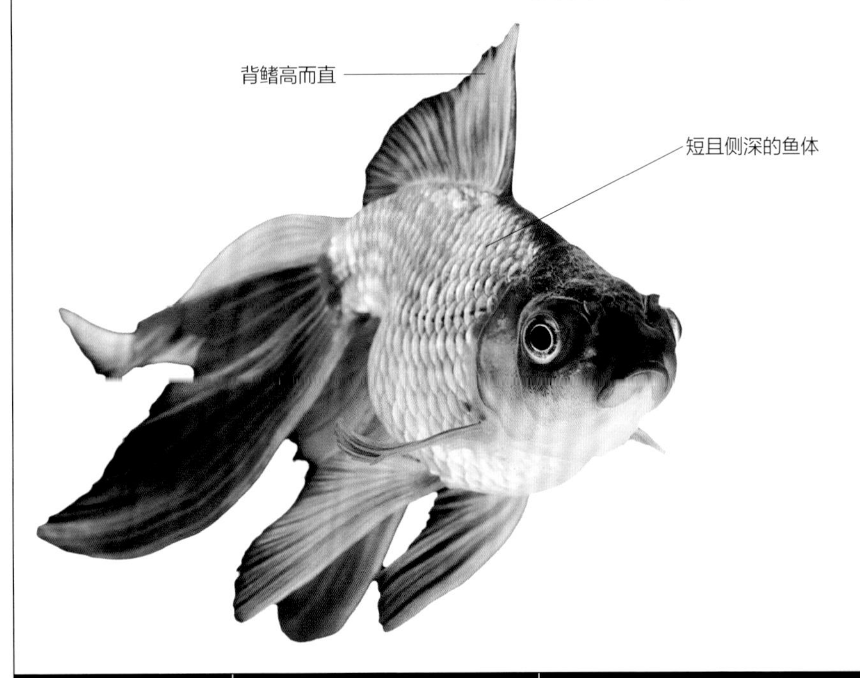

食性：杂食　|　性情：温和　|　鱼缸活动层次：全部

科：鲤科
别称：无水牛头、狮头　　体长：不定

日本金鱼

日本金鱼的种类很多，鱼体并没有统一的标准，不同的鱼体的颜色也不一致。通常鱼头比较发达，头部有未完全发育的粉瘤状覆盖物；有的眼睛凸出，像望远镜，有的则比较平坦；背部线条从凸出的吻端开始，经过丰满的头盖，顺着颈、背、腰、尾筒连成像半圆形栉梳般线条平顺的弧形，紧接着是90° 翘起的尾鳍，同时背部线条也很优美。

➲ 分布区域：日本。

➲ 养鱼小贴士：日本金鱼喜欢群集，可同时饲养多条，但要注意提供足够的游动空间。

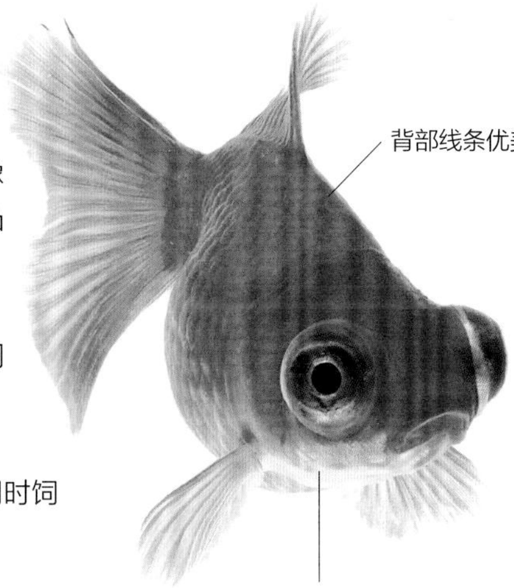

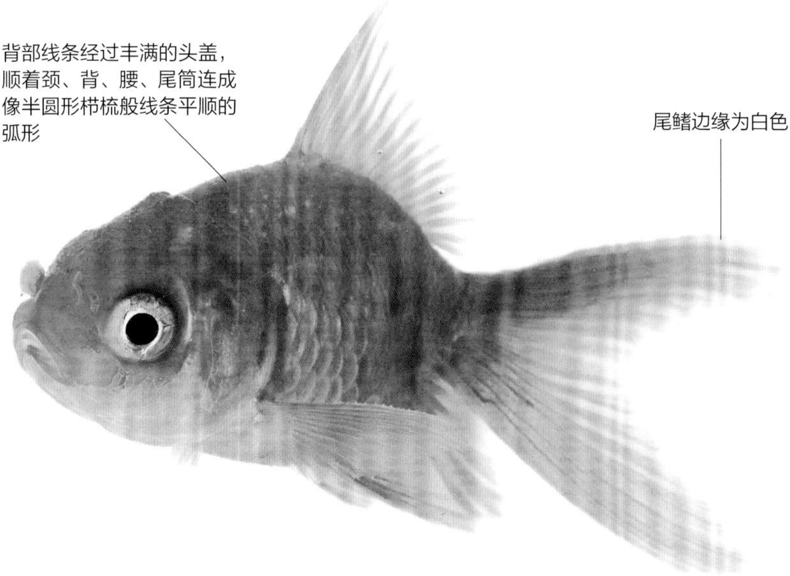

食性：杂食	性情：温和	鱼缸活动层次：全部

科：刺臀鱼科
别称：无　　体长：20 厘米

绿太阳鱼

绿太阳鱼的鱼体整体上呈棕色，上有很多斑纹，成鱼鱼体更加明显。头部比较大，在头部有一条蓝色花纹和黑色“耳盖”，胸鳍无色，鱼体有长尾柄，部分鱼体边缘呈橘黄色。

➲ 分布区域：北美洲的五大湖至墨西哥的河流湖泊中。

➲ 养鱼小贴士：绿太阳鱼会与其他太阳鱼杂交，属于肉食性，宜单养。

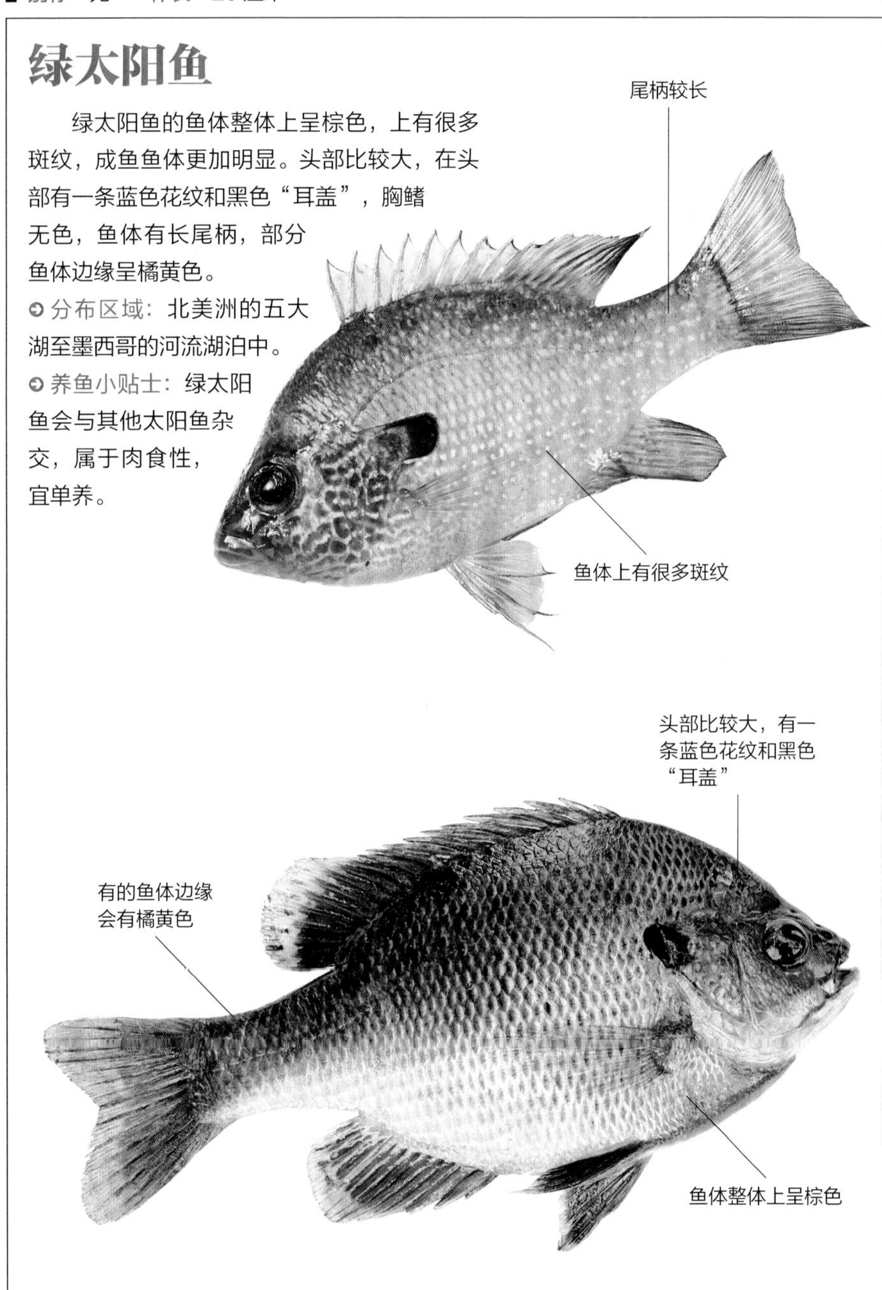

食性：肉食	性情：好争斗	鱼缸活动层次：中层和底层

科：鲤科
别称：黑头软口鲦鱼　　体长：10 厘米

肥头鲦鱼

肥头鲦鱼鱼体的整体呈金褐色，其中腹部的颜色比其他部位的颜色要浅一些，沿着腹部侧面有一条贯穿鱼体的黑线，这是肥头鲦鱼区别于其他鱼类的比较显著的特征，肥头鲦鱼背鳍前端有一个槽口。雄性肥头鲦鱼的头部比较肥大，繁殖时会长疖子。现在已经有人工培育出来的肥头鲦鱼，鱼体颜色较深，呈金黄色。

➲ 分布区域：北美洲中部地区的河流中。

➲ 养鱼小贴士：在饲养的时候，最好单养。

食性：杂食	性情：温和	鱼缸活动层次：上层和中层

科：鲤科
别称：水中活宝石　　体长：不定

锦鲤

锦鲤的原产地为中亚和西亚，后传到中国。锦鲤在中国已有1000余年的养殖历史，其种类有100多个，是风靡当今世界的一种高档观赏鱼。锦鲤体态高雅，鱼体修长，头部较大，嘴部略宽，嘴上有两对触须，尾鳍强而有力，各个品种之间在体形上差别不大，主要是根据身体上的颜色和色斑的形状来分类，有红白、黄、蓝紫、黑金、银等多种颜色，身上的斑块几乎没有完全相同的。

- 分布区域：东亚地区。
- 养鱼小贴士：锦鲤的食量很大，要设置有效的过滤系统来保持水质，由于锦鲤生长速度很快，必须要提供足够大的空间。

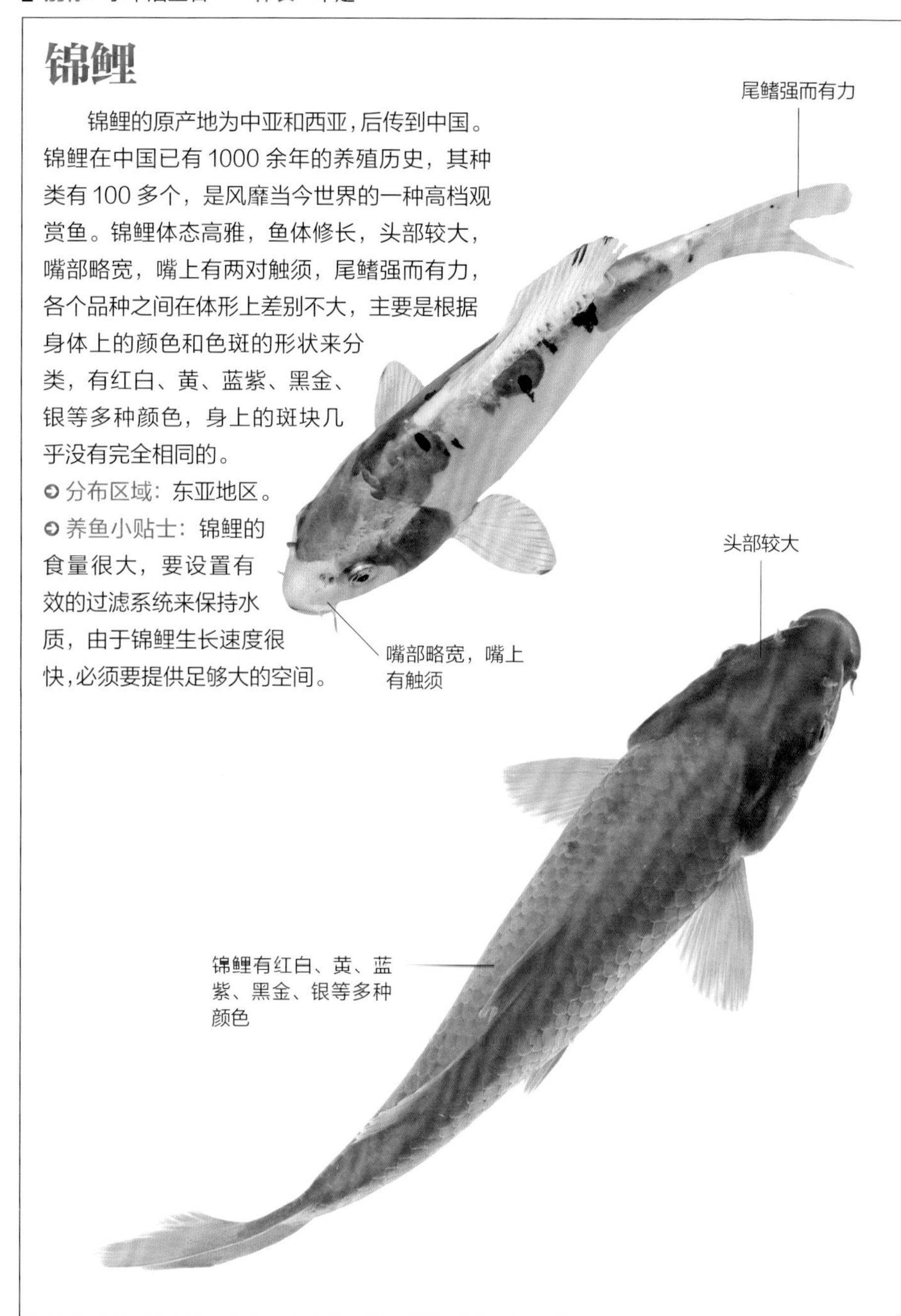

食性：杂食	性情：温和，喜群集	鱼缸活动层次：全部

鱼体修长
鱼体上的斑块几乎
没有完全相同的，
颜色多彩缤纷
体态高雅

科：刺臀鱼科
别称：无　　体长：22 厘米

南瓜籽

南瓜籽鱼体的整体呈棕色，并且上面布满了蓝绿色的闪光斑点；南瓜籽的头部有波纹线和黑色“耳盖”；腹部呈黄色；鱼体的后部边缘为淡红色，在产卵期颜色会变得比之前深，卵一般产在雄鱼挖的沟里。

➲ 分布区域：美国、加拿大。

➲ 养鱼小贴士：南瓜籽会与绿太阳鱼和蓝鳃太阳鱼杂交，不能混养。

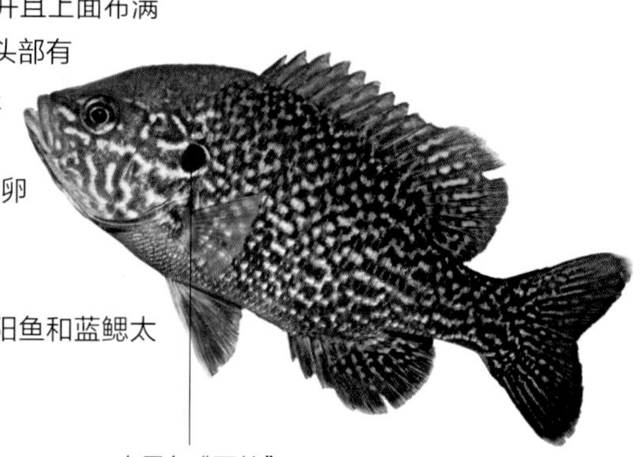

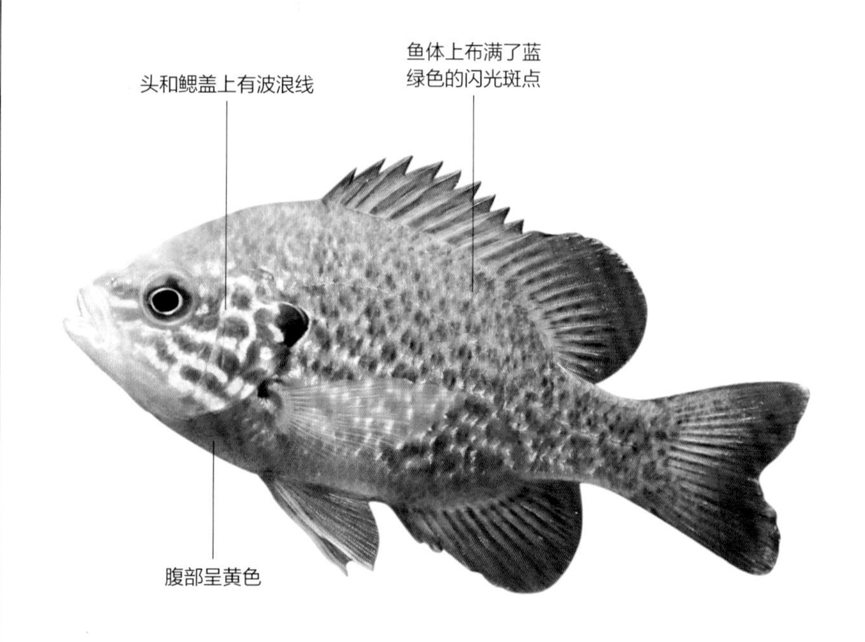

食性：肉食	性情：温和	鱼缸活动层次：中层和底层

科：刺臀鱼科
别称：无　　体长：15 厘米

橙点太阳鱼

体色是棕色并带浅蓝色

橙点太阳鱼的体形比同属的其他鱼种修长，体色是棕色并带浅蓝色。雄鱼体上分布着橘红色斑点，发情时会发出“咕噜”的叫声。雌鱼身上的斑点为深褐色，鳃盖和侧腹带有蓝色。雄鱼胸部和腹部为黄色，“耳盖”为黑色，有白色边。

分布区域：美国北达科他州至得克萨斯州间的溪流及湖泊。

养鱼小贴士：雄鱼发情时会发出“咕噜”声，可与其他太阳鱼杂交，不可混养。

食性：肉食	性情：温和	鱼缸活动层次：中层和底层

科：鲤科　　别称：仙女红鲫　　体长：不定

仙女鲫

单臀鳍
三角形的背鳍

仙女鲫的体形与纱尾很相像，所不同的是纱尾是双臀鳍和尾鳍，而仙女鲫是单臀鳍和尾鳍。仙女鲫通常在纱尾的后代中发现，它的繁殖具有隐蔽性，图中所示仙女鲫是变种鱼，体色呈金色，拥有三角形的背鳍，鱼体身上的鳞片有规律的排列，看起来美观大方，而尾鳍部分则是单一无色的。

分布区域：中国。

养鱼小贴士：仙女鲫喜欢群集，饲养的时候应给予其良好的水质环境。

鳞片有规律的排列，
看起来美观大方

食性：杂食	性情：温和，喜群集	鱼缸活动层次：全部

索引

帝王神仙鱼

皇冠扳机鲀

丝蝴蝶鱼